Roland Jäger
Ausgekuschelt
Unbequeme Wahrheiten für den Chef

Roland Jäger **Ausgekuschelt**
Unbequeme Wahrheiten
für den Chef

Mitarbeiterführung auf dem Prüfstand

orell füssli Verlag AG

2. Auflage 2010

© 2009 Orell Füssli Verlag AG, Zürich
www.ofv.ch

© iStockphoto.com (metallischer Hintergrund und Kissen)
Umschlaggestaltung: Andreas Zollinger, Zürich
Druck: fgb • freiburger graphische betriebe, Freiburg

ISBN 978-3-280-05344-7

———

Bibliografische Information der Deutschen Nationalbibliothek:
Die Deutsche Nationalbibliothek verzeichnet diese Publikation in
der Deutschen Nationalbibliografie; detaillierte bibliografische
Daten sind im Internet über http://dnb.d-nb.de abrufbar.

Mix
Produktgruppe aus vorbildlich
bewirtschafteten Wäldern, kontrollierten
Herkünften und Recyclingholz oder -fasern
www.fsc.org Zert.-Nr. SGS-COC-003993
© 1996 Forest Stewardship Council

FSC

Inhaltsverzeichnis

Starten wir mit einer unverfänglichen Frage: Wie geht es Ihnen so, wenn Sie morgens ins Büro kommen? Zu Gast bei Freunden? Alles wie in einer großen Familie? Glückwunsch! Wenn es Ihnen als Führungskraft so ergeht, dann haben Sie das Risiko stressbedingter Erkrankungen schon mal deutlich reduziert. Ihre Krankenversicherung wird sich freuen. Ihre Familie natürlich auch. Und Sie selbst erst. Tja, ich hoffe nur, die Performance Ihres Unternehmens oder Ihrer Abteilung ist genauso «high» wie Ihre Stimmung? Ihre Ergebnisse lassen Sie genauso zufrieden lächeln wie Ihre Beliebtheit im Unternehmen? Und Ihre Mitarbeiter erledigen tatsächlich den Job, für den sie bezahlt werden, ohne dass Sie als Chef sich am Ende wieder um alles selbst kümmern müssen?

Bei zahlreichen Führungskräften, die ich in den vergangenen Jahren gecoacht habe, ist das leider nicht so. Ihr Wohlbefinden ist eigentlich ganz okay, sie kommen mit ihren Mitarbeitern gut klar, aber irgendwie stimmen die Ergebnisse nicht. Und irgendwann geraten sie in eine Krise. Leider oft auch in eine persönliche Krise. Immer wieder habe ich dabei dasselbe Muster beobachtet: «Kuscheln» war wichtiger als alles andere. Der Chef wollte nur das Beste für sich und seine Mitarbeiter, aber am Ende war alles schlecht: miese Ergebnisse, miese Laune. Im Klartext heißt das: Eigentlich wollte der Chef nur das Beste für sich selbst! Irgendwann reichte es mir, das immer wieder mit ansehen zu müssen. Deshalb habe ich dieses Buch geschrieben.

Mit modernem Management und zeitgemäßer Unternehmenskultur hat diese blümchenumkränzte Friede-Freude-Eierkuchen-Idylle nämlich nicht viel zu tun, eher etwas mit Führungsschwäche. Die äußert sich nicht nur in schlechten Arbeitsergebnissen oder schwachen, orientierungslosen Mitarbeitern, sondern auch in Mitarbeitern, die ihrem Chef auf der Nase herumtanzen, den Businessalltag mit einem Guerillakrieg verwechseln, an ihren Sesseln kleben, persönliche Weiterentwicklung für esoterischen Quatsch halten oder andere vorschicken, wenn es darum geht, für einen Fehler geradezustehen. Solche Mitarbeiter haben eines gemeinsam: einen Chef im Kuschelmodus.

«Konsequent führen» heißt dagegen meine Devise. Das heißt, hart und fair sein, Mitarbeiter in der Verantwortung belassen, von Mitarbeitern das fordern, was sie zu geben imstande sind – und sie nicht vor den Konsequenzen ihres Handelns zu schützen. Konsequent führt nur der, der als Chef Konflikten nicht ausweicht, der sich mit seinen eigenen Zielen und Werten auseinandersetzt, der unangenehme Entscheidungen trifft, der hart zu sich selbst ist, der sich nicht von Gunstbezeugungen anderer abhängig macht, der Mitarbeiter in strategische Entscheidungen mit einbezieht.

Eine treffende Geschichte ist meist erhellender als jede Theorie. In diesem Buch lesen Sie deshalb eine Reihe von Geschichten. Sie gehen ausnahmslos auf Situationen aus meiner Beratungspraxis zurück. Ich habe sie aber nicht nur verfremdet, sondern an einigen Stellen auch satirisch überzeichnet. Die Realität gewissermaßen «bis zur Kenntlichkeit entstellt». So dringen wir am besten zum Kern der Sache vor. Daneben finden Sie viele Anregungen, Tipps und Hinweise, wie Sie in solchen Situationen professionell und konsequent führen. Denn das ist meine Kernkompetenz.

Mir hat es viel Spaß gemacht, dieses Buch zu schreiben. Lassen Sie sich davon ruhig ein wenig anstecken. Denn «ausgekuschelt» bedeutet nicht automatisch «Schluss mit lustig».

Ihr
Roland Jäger

Kapitel 1

Führungsbedürftige Mitarbeiter verdienen kein Lob, sondern Kontrolle

Warum es ungerecht ist, wenn alle Mitarbeiter gleich behandelt werden

Stellen Sie sich vor ... Sie kommen eines schönen Morgens ins Büro, steuern zielstrebig auf das Büro zweier Ihrer Mitarbeiter zu, brechen voller Elan in deren friedliche Idylle ein und – sind so richtig ungerecht! «Na, wie läuft's, Leute?» Beide nicken simultan, strahlen Sie an und antworten im Chor: «Bestens, Chef!»

Dem einen Kollegen klopfen Sie auf die Schulter: «Weiter so!» Den anderen schnappen Sie sich, nehmen ihn mit in Ihr Büro, platzieren ihn am Besprechungstisch – und dann geht's zur Sache: «Ergebnisse, bitte! Wie weit sind Sie? Was haben Sie gemacht? Was tun Sie als Nächstes? Wann sind Sie fertig?» Ganz schön fies, oder? Aber notwendig.

Notwendige Kontrolle. Ja, ich weiß. Lassen Sie mich raten: Das klingt für Sie irgendwie nach Zeiterfassung, Taschenkontrolle und Telefonüberwachung. Annähernd richtig? Alles Dinge, die wir überwunden zu haben glaubten, nicht wahr? Kein Wunder, wenn Sie jetzt skeptisch sein sollten. Der Zeitgeist suggeriert Ihnen ja auch seit Jahren das Gegenteil: Begegnen Sie jedem Mitarbeiter stets auf Augenhöhe! Kuschelkuschel! Maximal wertschätzend! Scharwenzelscharwenzel! Voller Freude über den unverzichtbaren Beitrag noch der größten Schlafmütze! Achwirhamunsallelieb! – Mit anderen Worten: Loben Sie, was das Zeug hält!

Aber haben Sie sich jemals gefragt, ob Ihr Unternehmen so tatsächlich bessere Resultate erzielt? Ich erzähle Ihnen dazu in diesem

Kapitel eine nette Geschichte, die ich vor nicht allzu langer Zeit selbst in einem Unternehmen beobachtet habe. Das war ein Finanzdienstleister, einer von vielen.

Wer hat hier ein Problem?

In diesem guten Hause gab es einen Vorstand, ich nenne ihn mal Rolf Messerknecht, der für einen dieser mausgrauen Bereiche hinter den Kulissen verantwortlich war. Keiner seiner Mitarbeiter hatte Kundenkontakt, auch nicht in der Freizeit. Wozu auch? Abteilungen wie diese treffen allerdings Entscheidungen, die das Leben der Kunden wesentlich beeinflussen. Messerknecht war Ende vierzig und hatte im Unternehmen eine typische Fachkarriere gemacht, die weniger auf Ellenbogen als vielmehr auf Fleiß und Know-how bis ins kleinste Detail basierte. Bevor er Vorstand wurde, war er Leiter der Organisation gewesen und vereinte in seiner Person alles, was dem Klischee eines Technokraten entspricht. Er strahlte eine wortkarge Korrektheit und rationale Kühle aus, die sich auch in seinem Äußeren spiegelte: der Scheitel so perfekt gebügelt wie die Hemden, die Anzüge so farblos wie seine Sprache. Auch seine Büroeinrichtung strahlte diese kühle Funktionalität, diese zweckorientierte, nüchterne Atmosphäre aus, die beispielsweise zu einem Hersteller traditionsreicher Schweizer Uhren sehr gut passen würde. Persönliche Dinge kamen weder als Gegenstände im Büro noch als Ideen in Gesprächen im Übermaß vor. Seine Risikofreude entsprach der GS-geprüften Kippsicherheit seines Drehsessels. Das Einzige, was ihn nebenbei zu interessieren schien, waren technische Spielereien. Dass er als einer der ersten Mitarbeiter einen Blackberry bekam – dafür hatte er sich ausnahmsweise mal richtig aus dem Fenster gehängt. Ansonsten: spröde, unzugänglich, gar ein wenig scheu – so war Herr Messerknecht.

Im Tagesgeschäft unterstützten den Mann zwei Assistentinnen. Seine gute Seele Susanne Bergmann war gerade aus der Erziehungszeit wieder an ihren Arbeitsplatz zurückgekehrt, als ihr Chef auf dem Vorstandssessel Platz genommen hatte. Sie war Mitte dreißig – und allzeit dankbar und der Firma ergeben, da sie in der strukturschwachen Region einen halbwegs sicheren Arbeitsplatz hatte. Dementsprechend zeigte sie sich höchst ambitioniert, machte es immer allen recht, zog die Arbeit an wie ein Staubsauger den Staub und schaffte es dabei noch, fast immer zu lächeln. Nur manchmal wirkte die eigentlich gut aussehende und geschmackvoll gekleidete Frau irgendwie schlapp und ausgepowert. Kein Wunder, denn obwohl sie eigentlich einen Teilzeitarbeitsplatz hatte und entsprechend bezahlt wurde, arbeitete sie mindestens vierzig Stunden pro Woche.

Er wollte sich von dieser Beißzange nicht wie ein Schuljunge behandeln lassen.

Die zweite Assistentin bot das Kontrastprogramm dazu, und zwar auf der ganzen Linie. Edelgard Dennewitz war Ende fünfzig und hatte ihr ganzes Berufsleben in diesem Unternehmen verbracht. Im Lauf der Jahre hatte sie etliche Chefs kommen und gehen sehen. Sie war geblieben und hatte sich eine recht pragmatische Haltung zugelegt. Ihr Credo: Chefs kochen auch nur mit Wasser – und das Wasser schaffe ich für sie ran. Die sollen sich hier mal nicht so wichtig machen! Zuletzt hatte sie für den Vorgänger des Vorstands gearbeitet – der war eine sehr väterliche Figur gewesen, mit der sie sich auf der menschlichen Ebene sehr gut verstanden hatte. Zwei alte Hasen auf der bunten Wiese. Also hatte sie 150 Prozent Leistung gebracht. Sie hatte ihre starke, durch ihren Chef gestützte Stellung aber auch dazu eingesetzt, sich ein unerschütterliches Standing bei den Kollegen zu verschaffen. Um es vorsichtig auszudrücken. «Vorsicht, da kommt der Drache wieder!», hieß es irgendwann nur noch, wenn sie zackigen Schrittes um die Ecke bog, um irgendwelche Anordnungen ihres Chefs in die Tat umzusetzen.

Als nun Rolf Messerknecht seine neue Position antrat und auch Susanne Bergmann wieder an ihren Arbeitsplatz zurückkehrte, veränderte sich so einiges. Das Drehbuch sah nun so aus: Wenn Herr Messerknecht etwas wollte, dann teilte er dies Frau Bergmann mit. Schließlich war mit ihr gut Kirschen essen. Und er überließ es ihr, einen Teil der Aufgaben bei Bedarf an Frau Dennewitz zu delegieren. Denn mit der unterhielt er sich ungefähr so gern wie ein Kleinkrimineller mit dem Amtsrichter. Sie ging ihm mit ihrer schnippischen und bissig-ironischen Art so auf die Nerven, dass er sein Vorstandsbüro nicht mal mehr durch das Vorzimmer, sondern direkt vom Flur aus betrat, wenn er wusste, dass sie alleine dort saß. An solchen Tagen erledigte er seine Post und seine Tagesplanung auch eher selbst, als dass er sie um Mithilfe gebeten hätte. Schließlich war er der Chef und musste sich von dieser Beißzange nicht wie ein Schuljunge behandeln lassen.

Die beiden Damen kamen leidlich miteinander aus. Edelgard Dennewitz hatte natürlich schnell mitgekriegt, dass sich Susanne Bergmann viel mehr aufbürdete, als gut für sie war. Also hatte sie mit ein paar gezielten ironischen Spitzen und wenigen bühnenreifen Ausrastern dafür gesorgt, dass ihre Kollegin gewisse Dinge lieber selbst erledigte, als sich beim Versuch, zu delegieren, noch einmal dem Feuer des Drachens auszusetzen. Und dass der Chef sie nicht beim Nägellackieren störte, hatte die gute Edelgard sowieso schon längst sichergestellt. Susanne Bergmann pflegte also die gute Beziehung zum Chef und arbeitete bis zum Kollaps, während Edelgard Dennewitz ihren Claim absteckte und bewachte und jeden anfauchte, der in ihre Nähe kam und mit Arbeit drohte.

Immer schön weiterkuscheln!

So ging es den dreien also, als ich sie kennenlernte. Und ich fragte mich: Wer hat hier eigentlich das Problem? Edelgard Dennewitz sicherlich nicht, das war klar. Ihr einziges Interesse besteht darin, so wenig wie möglich zu arbeiten – obwohl sie eigentlich nicht faul ist! – und sich den Chef vom Hals zu halten. Und in dieser Disziplin ist sie verdammt gut – dank ihres raffiniert eingesetzten informellen Führungsinstrumentariums: ein bisschen verspritztes Gift hier, ein bisschen schmollendes Schweigen da, garniert mit ganztägig heruntergezogenen Mundwinkeln, nicht zu vergessen die gepflegten Wutausbrüche. Kurz: Die Dame weiß, was sie will und wie sie es bekommt. Auch auf der Beziehungsebene hat sie kein Problem, denn alle lassen ihr ja die gewünschte gemütliche Ruhe. Irgendeinen Druck, an dieser Situation etwas zu verändern, gibt es für sie wahrlich nicht. An der Art, wie sie aus der Rolle fällt und ihr Vertrauenskonto überzieht, kann man wunderbar sehen, dass Führung seitens ihres Chefs hier praktisch nicht mehr stattfindet.

Wer auf der Beziehungsebene durchaus ein Problem hat, ist der Vorstand Rolf Messerknecht. Er hat jedoch eine wunderbar zu ihm passende Strategie entwickelt, damit umzugehen. Konsequentes Vermeidungsverhalten heißt sie, besser bekannt als Vogel-Strauß-Taktik. Wenn ich nicht hingucke, kann ich auch kein Problem sehen. Sehr schön, oder? Irgendein Problembewusstsein existiert in seinem Kopf also nicht. Wie denn auch – der Laden läuft ja leidlich und die Aufgaben, die er delegiert, werden erledigt. Handlungsdruck verspürt er deshalb überhaupt nicht und verdrängt auch auf der Sachebene die Probleme. Er weiß noch nicht einmal, inwieweit Assistentin Dennewitz ausgelastet ist. Er überlässt das alles der ihm persönlich angenehmeren Assistentin Bergmann. Kuschelt weiter. Verharrt in der Komfortzone. Ausgekuschelt? Bloß nicht!

Bleibt also eine übrig: Susanne Bergmann, und die hat nicht nur ein dickes Problem mit dieser Situation, sondern gleich mehrere. Sie versteht sich zwar gut mit ihrem Chef – aber um welchen Preis? Ständig muss sie die Betreuung ihres Sohnes neu organisieren, da sie keine verlässlichen Arbeitszeiten einhalten kann. Ihrem Mann gegenüber gehen ihr zwischenzeitlich die Argumente aus: Warum arbeitet sie so viel, ohne gerechten Lohn dafür zu bekommen? Von ihrer Kollegin wird sie aber angeblafft, sobald sie versucht, Arbeiten an sie zu delegieren, die diese ungern erledigt. Susanne kämpft also an fast allen Fronten, rackert wie unter Tage und fühlt sich entsprechend, wenn sie abends das Büro verlässt: So, als hätte sie den ganzen Tag zentnerschwere Lasten gestemmt und weder Licht gesehen noch richtig Luft geholt.

Entscheidend aber ist: Sie beschwert sich nicht. Würde sie das tun, käme Bewegung in das System. Rolf Messerknecht wäre dann nämlich gezwungen, sich die Situation etwas genauer anzusehen. So aber bleibt der Status quo erhalten und das System stabil. Also scheint der Leidensdruck für Susanne Bergmann noch nicht hoch genug zu sein. Da geht noch was – für die anderen.

Mitarbeiter sind wie Gummibärchen

Es kann also weitergekuschelt werden. Die Frage ist, was die Alternative sein könnte. Soll Vorstand Messerknecht sich ein Beispiel an einer preußischen Kaserne nehmen und die Generaluniform anziehen? Nicht ganz. Schon gar nicht sofort. Hier gilt das Gummibärchenprinzip. Vielleicht erinnern Sie sich noch an einen Werbespot für die Gummibärchen einer bekannten Bonner Süßwarenfabrik aus den 90er-Jahren. Der blond gelockte Entertainer und Werbebotschafter Thomas Gottschalk baute eine Reihe Gummibärchen vor sich auf, grinste sie nett an und fragte, ob eines etwa die Flucht ergreifen wolle. Einen Sekundenbruchteil später aß er sie dann alle auf. Und bemerkte mit noch vollem Mund: «Sie hatten eine faire Chance!»

So in etwa ist das mit den Mitarbeitern auch. Bevor sie wegen Leistungsverweigerung an die Luft gesetzt werden, haben sie eine faire Chance verdient. Und zwar immer. Welche Chance meine ich? Die Chance, durch Wort und Tat der Führungskraft entweder zu signalisieren: Ich bin führungsbedürftig! Nimm mich an die kurze Leine! Wenn ich nicht kontrolliert werde, richte ich Schaden an! Oder eben auch zu signalisieren: Lass mich bloß in Ruhe! Ich liefere die besten Ergebnisse, wenn man mich einfach nur machen lässt! Verlass dich auf mich! Ich will damit sagen: Der Mitarbeiter hat die Chance, der Führungskraft zu verstehen zu geben, wie er geführt werden will. Durch sein Verhalten hat er es selbst in der Hand, wie sein Chef mit ihm umgehen wird. Es liegt ganz bei ihm.

Wie sieht das in unserer kleinen Dreiecksgeschichte aus? Edelgard Dennewitz signalisiert mit ihrem Verhalten eindeutig, dass sie

Führung benötigt. Sie braucht direkte Ansprache, klare Anweisungen und Kontrolle. Jedenfalls dann, wenn sie im Sinne des ganzen Unternehmens die maximale Leistung bringen soll. Und darauf kommt es schließlich an! Dass der Drachen selbst vielleicht etwas ganz anderes will – nämlich kuschelige Honorierung ihrer langen Dienstzeit oder lorbeerumkränzte Wertschätzung ihrer Seniorität –, kann ihrem neuen Chef herzlich egal sein. Schließlich hat sie sich die Lorbeeren, auf denen sie sich weiter auszuruhen gedenkt, vor seiner Zeit erworben. Für Rolf Messerknecht ist es natürlich schwierig, in diesem Stadium des Konflikts das Ruder herumzureißen – zumal er lieber Vogel Strauß spielt und seine wichtigsten Führungsaufgaben nicht mehr wahrnimmt: beobachten. Schlüsse daraus ziehen. Dann handeln. Es wird ihn viel Zeit, Kraft und Energie kosten, die Führung seiner Assistentin wieder selbst in die Hand zu nehmen. Schlauer wäre es gewesen, wenn er gleich von Beginn an – nämlich als er seinen neuen Posten antrat – die Erwartungen geklärt hätte, die er als Führungskraft an seine Assistentinnen hat – und umgekehrt.

Es sind indessen Fälle denkbar, die Rolf Messerknecht zwingen würden, sich mit der Situation auseinanderzusetzen: Etwa wenn Susanne Bergmann unter ihrer Last zusammenbricht und für einen längeren Zeitraum ausfällt. Dann wäre er darauf angewiesen, mit Edelgard Dennewitz in den Ring zu gehen. Oder er wird Zeuge einer Szene, die Furie Dennewitz macht, als sie wieder einmal Aufgaben nicht übernehmen will. Dann könnte er auf den Tisch hauen und signalisieren: so nicht!

«Sie hatten eine faire Chance!»

Aber auch mit «So nicht!» beziehungsweise «Bitte so!» ist es ja gar nicht so einfach. Clevere Führungskräfte formulieren die Erwartungen an ihre Mitarbeiter in zwei Stufen. Die erste Stufe ist: die Dinge zu benennen, die weder Chef noch Mitarbeiter erleben wollen, aber auch die Dinge, die ihnen im Miteinander enorm wichtig sind. In einer zweiten Stufe wenden sie sich dann ganz konkret den jeweiligen Sachgebieten und Aufgaben zu und benennen die Erwartungen, die damit verknüpft sind. Und da bekommt jeder Mitarbeiter dann getreu dem Gummibärchenprinzip seine faire Chance – nämlich alles das auf den Tisch zu packen, was ihm wichtig ist. Dann kann er seinem Chef signalisieren, wie er geführt werden will. Und der eine verlangt dann nach einer langen Leine und der andere nach einer kurzen. Würden nämlich alle gleich behandelt, wäre das sowohl unfair als auch ungerecht in dem Sinne, dass es unterschiedlichen Menschen nicht gerecht wird. Und es zöge Konflikte wie den beschriebenen nach sich.

Deswegen ist es richtig, wenn Mitarbeiter nicht gleich behandelt werden. Wenn der eine kontrolliert wird und der Chef dem anderen vertraut. Ausgekuschelt bedeutet ja nicht, alle zum Abschuss freizugeben, sondern klare Verhältnisse zu schaffen.

Roter Teppich oder Jagdblick?

Als Führungskraft haben Sie spätestens dann, wenn eine neue Situation eintritt – eine Neustrukturierung des Teams, eine Fusion, der Start eines Projekts mit einem neu zusammengestellten Team und so weiter – eine entscheidende Aufgabe in der Mitarbeiterführung: Finden Sie heraus, wie Ihre Mitarbeiter gestrickt sind! Will – muss – jemand geführt werden? Oder braucht – darf – jemand nicht zu viel Kontrolle erfahren, weil Sie ihn sonst demotivieren? Zusätzlich zu Ihren Beobachtungen sollten Sie dazu am besten Einzelgespräche führen. Besprechen Sie die Erwartungen, die Sie und Ihre Mitarbeiter aneinander haben. Eines ist dabei essenziell: Diese Gespräche sind nicht dazu da, dass Mitarbeiter einen roten Teppich bestellen und den dann auch bekommen. Oder sagen wir so: Natürlich können Mitarbeiter einen roten Teppich bestellen. Ob sie den dann auch kriegen, entscheiden Sie – nachdem Sie herausgefunden haben, ob der Mitarbeiter der Typ für den roten Läufer oder der für den Hintereingang ist. Ziehen Sie das durch! Denn sonst etablieren Sie in Ihrer Organisation innerhalb kürzester Zeit ein Gratisbestellsystem. Damit das nicht passiert, müssen Sie sich als Führungskraft absolut im Klaren darüber sein, was Ihre Ziele sind. Und diese ebenso klar kommunizieren.

Also, zum Beispiel: Einer aus der Abteilung wird Chef. Weil er den Laden kennt und die Kollegen sowieso, macht er einen großen Fehler. Er führt die wichtigen Klärungsgespräche nicht. Er definiert die neuen Rollenverteilungen nicht. Er spricht nicht die Erwartungen an. Und selbst wenn er es tut, geht er nicht ausreichend in die Tiefe, weil es ihm vielleicht komisch vorkommt, dass er jetzt auf einmal als Chef auftreten soll. Und deswegen kriegt er oft genug nur Sprechblasen oder Allgemeinplätze zu hören, so wie etwa: Der Drucker müsste mal ausgetauscht werden. Als der Chef noch Kollege war, hat ihn der alte Drucker doch auch immer gestört. Jetzt könnte er es ändern und allen etwas Gutes tun. Allerdings: Das ist ganz bestimmt nicht sein Job als Chef! Der zum Chef gewordene Kollege muss sich vielmehr bewusst machen, dass sein vorrangiges Ziel sein muss, seine Mitarbeiter zu führen – statt mit ihnen immer noch so umzugehen, als seien sie Kollegen. Denn sonst wird er schnell zum Weihnachtsmann, dem alle ihre Wunschzettel überreichen.

Das, was eine Führungskraft in dieser Situation braucht, ist so etwas wie ein Jagdblick. Kennen Sie den? Haben Sie schon einmal einen Hund gesehen, der seinen Jagdblick aufgesetzt hat? Sein Blick ist dann starr nach vorne gerichtet, dahin, wo er die Beute ortet. Sein Gesichtsfeld wird schmal und eng, alle Reize links und rechts blendet er aus. Ich sage: Einen solchen nach vorn gerichteten Jagdblick brauchen Sie als Führungskraft auch! Konzentriert, klar und fokussiert auf Ihre Ziele.

Denn sonst wird er schnell zum Weihnachtsmann.

Nebenkriegsschauplätze (wie Mitarbeiterwünsche nach Larifari oder Anerkennung von Leistungen, die sie vor Urzeiten erbracht haben, wie im Fall von Edelgard Dennewitz) oder Betroffenheitspoesie («Ich habe zwei Kinder zu versorgen, da kann ich nicht hundertprozentig arbeiten, das müssen Sie schon verstehen!») dürfen Sie nicht von

Ihrem Ziel abbringen. Ihre Aufgabe ist es, zu sagen, wo es langgeht. Es wird das gemacht, was Sie wollen, und fertig. Sie haben das Recht dazu – jedenfalls dann, wenn Sie die Situation vorher genau beobachtet und korrekt eingeschätzt haben. Und Sie müssen es aushalten, dass Sie dafür unter Umständen mal vorübergehend nicht geliebt oder gar angemuffelt werden. Wenn Sie eine gute Führungskraft sein wollen, dann kommunizieren Sie das natürlich auf eine Art und Weise, die sich etwas freundlicher anhört als «Hier wird gemacht, was ich will. Basta!». Aber der Kern der Botschaft muss klar sein: Ausgekuschelt! Und zwar jetzt!

Von Amateuren, Aufsteigern und Profis

Wie genau finden Sie aber nun heraus, welchen Mitarbeiter Sie in Ruhe lassen sollten und welchen Mitarbeiter Sie kontrollieren sollten, bis er spurt? Klar, dazu müssen Sie wissen, wonach Sie suchen sollen.

Für mich hat sich im Laufe der Zeit herauskristallisiert: Es gibt zum einen eigenverantwortliche und selbstdisziplinierte Mitarbeiter. Die Mitarbeiter dieses Typus sind in der Lage, sich selbst Ziele zu setzen. Ihre Aufgaben übernehmen sie in der Regel initiativ und liefern in der erwarteten Zeit die gewünschte Qualität ab. Solche Mitarbeiter kann man nach dem Prinzip Vertrauen führen. Zum anderen gibt es führungsbedürftige – und damit zu kontrollierende – Mitarbeiter. Mitarbeitern dieses Typus muss man immer wieder sagen, was sie zu tun haben. Außerdem muss man sie regelmäßig daran erinnern, ihre Termine einzuhalten. Selbst dann passiert meistens nichts, deshalb müssen sie nach dem Prinzip Kontrolle geführt werden. Die einen arbeiten selbstständig, denken dabei unternehmerisch. Die anderen machen Jobs, Auftragsarbeiten, Dienst nach Vorschrift.

Beide Mitarbeitertypen gibt es nach meiner Beobachtung noch in unterschiedlichen Ausprägungen: Amateur, Aufsteiger und Profi. Was meine ich damit? Ein Profi der Kategorie führungsbedürftiger Mitarbeiter beispielsweise vermeidet Arbeit, wo er nur kann, und das mit purer Absicht und in vollem Bewusstsein. Er verhält sich kontraproduktiv auf der ganzen Linie und müsste eigentlich umgehend gefeuert werden, wenn dem Unternehmen nicht täglich neuer Schaden entstehen soll. Das unter dem Namen Edelgard Dennewitz auftretende Schuppentier gehört eindeutig in diese Kategorie.

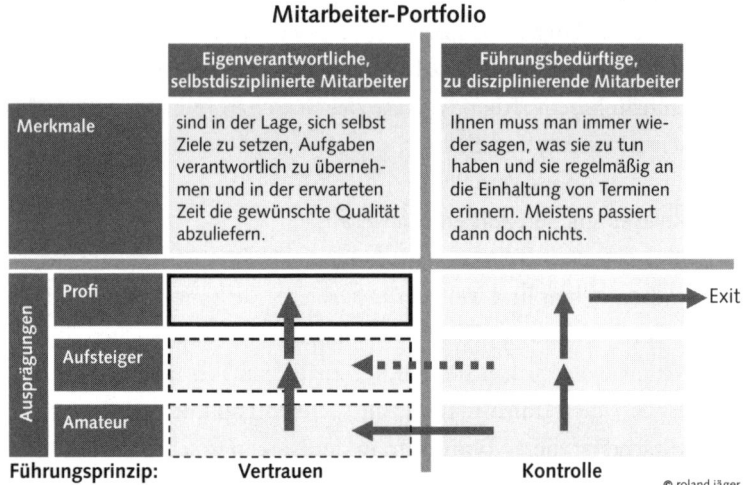

Mitarbeiter entscheiden selbst darüber, in welche Kategorie sie fallen und wie sie geführt werden wollen. Die Pfeile zeigen ihre möglichen Entwicklungswege.

Ein Amateur der Kategorie eigenverantwortlicher Mitarbeiter könnte zum Beispiel einer sein, der gerade neu im Unternehmen ist und seinen ersten Tag hat. Wenn er feststellt, dass sein neuer Vorgesetzter gerade keine Zeit für eine Einweisung hat, würde er sich sagen: Okay, ich kenne mich hier zwar nicht aus, aber ich schaue mich jetzt schon einmal um. Und schalte mal den Rechner ein und mache mich mit dem Firmenintranet vertraut. Und falls ich nicht weiß, wie mein Benutzerkennwort für den Rechner lautet, frage ich den netten Kollegen im Büro nebenan, wer mir das Benutzerkennwort nennen kann. Diese Gelegenheit nutze ich auch gleich, um den Kollegen ein bisschen kennenzulernen. Schließlich werden wir jetzt öfter miteinander zu tun haben.

Wer sich als Mitarbeiter so verhält, der signalisiert allen anderen ganz eindeutig: Hier agiert kein Befehlsempfänger, sondern einer, der unaufgefordert mitdenkt und dann auch noch handelt – eigenverantwortlich. Ein solcher Mitarbeiter hat eine ganz essenzielle Entscheidung getroffen, und zwar er ganz allein: ab sofort der Kategorie eigenverantwortlicher Mitarbeiter anzugehören und nicht der Kategorie führungsbedürftiger Mitarbeiter. Wenn sein Chef nur ein bisschen Rückgrat hat und nicht gerade den Kopf im Sand stecken hat, dann wird er dieses Verhalten registrieren und seine Schlüsse daraus ziehen: Ein solcher Amateur der Kategorie eigenverantwortlicher Mitarbeiter ist seines Vertrauens würdig, also bekommt er es – und damit anspruchsvollere Aufgaben und die Aussicht, sich zu einem Aufsteiger und dann zu einem Profi in seiner Kategorie weiterzuentwickeln.

Woran eine Führungskraft dagegen den Amateur der Kategorie führungsbedürftiger Mitarbeiter erkennt? Ein solcher Mitarbeiter hätte sich an seinem ersten Tag auf das Stühlchen vor dem Chefzimmer gesetzt und geduldig gewartet, bis sein Chef zurückkommt und ihm sagt, was er zu tun hat. So sieht das aus. Und auch er hätte sich mit diesem Verhalten für etwas entschieden, ganz allein und ohne Not: dass er ein führungsbedürftiger Mitarbeiter sein möchte.

Wie sich ein solcher Amateur zu einem Aufsteiger und schließlich zu einem Profi der Kategorie führungsbedürftiger Mitarbeiter weiterentwickelt, kann man sich leicht ausmalen: Gemeinsam mit einem altgedienten Kollegen sitzt er im Büro, als der Chef hereinkommt und dem Kollegen einen Stapel Unterlagen mit den Worten überreicht: «Machen Sie daraus mal eine Präsentation, die entscheidet über Leben und Tod dieser Abteilung, ich brauche sie bis übermorgen!» Der Kollege sagt: «In Ordnung, Chef, wird schnellstmöglich erledigt!», zwinkert dem führungsbedürftigen Auf-

Wenn sein Chef nur ein bisschen Rückgrat hat …

21

steiger zu und packt den Stapel irgendwo in die unterste Schublade seines Schreibtischs, sobald der Chef den Raum verlassen hat. Der neue Mitarbeiter staunt Bauklötze und bekommt auf seine Nachfrage die Antwort: «Das läuft hier immer so, schon seit Jahren!» Er lernt also, indem er Führungskraft und Kollegen beobachtet: Hier ist nichts so dringend, wie getan wird. Und es kommen auch keine Nachfragen. Ich kann die Arbeit einfach liegen lassen. Der Unterschied ist nicht spürbar.

Entscheidend ist hier wieder: Der führungsbedürftige Mitarbeiter bleibt von sich aus passiv. Dabei hätte er es in der Hand, sich anders zu verhalten. Er könnte zur Abwechslung die Arbeit einfach erledigen und sie dem Chef unaufgefordert präsentieren. Und vielleicht sogar ein bisschen weiterdenken als der Chef ursprünglich angeordnet hat. Beispielsweise schon die nächste Präsentation ins Auge fassen. Aber: Ein führungsbedürftiger Mitarbeiter kommt überhaupt nicht auf die Idee. Und entscheidet sich somit erneut, nicht in die Kategorie eigenverantwortlicher Mitarbeiter zu wechseln, sondern lieber ein Befehlsempfänger zu bleiben, der obendrein seine Befehle noch nicht einmal erledigt, denn er hat ja gelernt und beobachtet: Es interessiert eh keinen. Wirklich nicht? Den Chef beschäftigt das ganz bestimmt. Der beobachtet ja genau die Situation. Und zieht den Schluss: Wenn das noch lange so weitergeht, muss ich ihn entlassen.

Der Chef hat natürlich die Möglichkeit – die er als gute Führungskraft nutzen wird! –, diesen Aufsteiger der Kategorie führungsbedürftiger Mitarbeiter anzuspornen, sich in einen Aufsteiger der Kategorie eigenverantwortlicher Mitarbeiter zu entwickeln. Er kann ihm in einem kritischen Gespräch sagen, was schiefläuft. Er kann dem Mitarbeiter in einem Werbeblock die Vorzüge der anderen Kategorie schmackhaft machen – mehr Verantwortung, mehr Vertrauen, spannendere Aufgaben, mehr Freiräume –, aber auch dem Mitarbeiter die Instrumente zeigen und signalisieren, was passiert, wenn er so weitermacht und sich in Richtung führungsbedürftiger Profi entwickelt. Will heißen: Spätestens in einem halben Jahr fliegt er.

Schluss mit lustig!

Im Vertrieb eines mittelständischen Unternehmens arbeiten sechs Mitarbeiter, geführt von ihrer Chefin. Einer der Mitarbeiter bringt nicht die erforderliche Leistung. Deswegen teilt ihm die Chefin in einem Gespräch mit, dass er den erwarteten Bonus nicht bekommen wird, was dazu führt, dass er Tag für Tag unwilliger an seinem Arbeitsplatz erscheint. Er nimmt seine Aufgaben immer weniger ernst und überlässt deren Erledigung seinen Kollegen. Er ist auf dem besten Weg, sich von einem Aufsteiger zu einem Profi der Kategorie führungsbedürftiger Mitarbeiter zu entwickeln. Irgendwann haben die Kollegen aber die Nase voll. Sie gehen zu ihrer Chefin und beschweren sich, dass sie die Aufgaben des Kollegen zusätzlich zu ihrem eigenen Pensum stemmen müssen. Sie drohen ihr sogar an, dass sie ihr Engagement einstellen, wenn sie nichts unternimmt.

Und das ist genau das, was passiert, wenn Chefs kuscheln anstatt führen: Eigenverantwortliche Mitarbeiter kündigen die Gefolgschaft auf und verabschieden sich innerlich – oder heuern gleich ganz woanders an. Während führungsbedürftige Mitarbeiter ungerührt die hochgelegten Füße da lassen, wo sie sind. Hätte sich diese Chefin bei mir Rat geholt, hätte ich ihr empfohlen, als Erstes ein klärendes Gespräch mit dem renitenten Mitarbeiter zu führen, in dem sie ihm deutlich machen muss, dass er nicht schlechter arbeiten kann als seine Kollegen und trotzdem den roten Teppich dafür ausgerollt bekommt – sprich: einen Bonus. Und dann hätte sie ihm – den Jagdblick auf ihre Ziele gerichtet, ohne sich beirren zu lassen – ankündigen müssen, dass er in Zukunft andere Tätigkeiten zugewiesen bekommt. Das wären dann Routinetätigkeiten gewesen, deren Arbeitsfortschritte leicht zu überprüfen sind. Die anderen Mitarbeiter wären so im Gegenzug von Routinetätigkeiten entlastet worden. Was im Übrigen nicht heißt, dass deren Arbeit nicht kontrolliert werden würde, aber dort werden Ergebnisse kontrolliert, nicht die einzelnen Arbeitsschritte.

Ausgekuschelt bedeutet: Sie entlasten die eigenverantwortlichen Mitarbeiter von Routinetätigkeiten, weisen diese Routinetätigkeiten den führungsbedürftigen Mitarbeitern zu und kontrollieren dann den Arbeitsfortschritt regelmäßig.

Übrigens: Wie viele von Ihren Mitarbeitern hätten Sie denn spontan in die Kategorie führungsbedürftig eingeordnet? Wenn ich diese Frage bei einem Coaching oder in einem Beratungsprojekt stelle und die anwesenden Führungskräfte bitte, die Namen ihrer Mitarbeiter in die rechte oder linke Spalte der obigen Grafik zu setzen, dann ist das beste Ergebnis 50 zu 50. Sprich: Die Hälfte der Mitarbeiter ist eigenverantwortlich, die andere Hälfte führungsbedürftig. Und das ist wie gesagt das beste Ergebnis. Im Normalfall tendiert das Verhältnis eher zu 20 zu 80 – die wenigsten sind als eigenverantwortlich aufgefallen. Schon erstaunlich, dass angesichts dieser Tatsachen Lob, Vertrauen und absolute Gleichbehandlung von vielen meiner Kollegen als das Nonplusultra der Führungsprinzipien propagiert werden. Es sei denn, hier ist die Bequemlichkeit die Mutter des Gedankens. Dann wäre es kein Wunder.

Der Tag der Wahrheit

Was glauben Sie – schaffen es Profis der Kategorie führungsbedürftig unbegrenzt lange, die Puppen tanzen zu lassen? Hier kommt – weil es so schön war – die Fortsetzung der Geschichte von Herrn Messerknecht, Frau Bergmann und Frau Dennewitz. Daran werden Sie sehen, dass das meistens nicht hinhaut. Bei unserem Finanzdienstleister steht also die Auszahlung eines Kredits an: mehrere Millionen Euro, kein Pappenstiel. Eine GmbH benötigt diesen Kredit, um wichtige Investitionen zu tätigen. Rolf Messerknecht gibt grünes Licht für die Auszahlung – unter der Voraussetzung, dass der Hauptgesellschafter die entsprechende Bürgschaft noch unterschreibt. Er bittet also die nette Susanne, diese Unterschrift einzutreiben, unterschreibt seinerseits schon gleich die Auszahlungsbewilligung für den Kredit und gibt sie seiner Assistentin. «Wenn ich nichts mehr von diesem Vorgang höre, ist alles in Ordnung!», schickt er noch hinterher.

Susanne Bergmann hat an diesem Tag wieder ein echtes Krisenszenario zu bewältigen: Eigentlich wollte ihr Mann ihren Sohn bei der Tagesmutter abholen, doch dann musste er dringend zu einem Termin. Susannes Schwiegermutter ist für zwei Wochen verreist und kann den Kleinen auch nicht abholen, der obendrein noch Fieber bekommen hat und plärrend auf seine Mutter wartet – was die Tagesmutter gerade am Telefon berichtet hat. Die treue Assistentin fühlt sich mal wieder, als müsste sie haufenweise Steine schleppen. Weil sie das aber auch nicht weiterbringt, schickt sie also die von ihrem Chef unterschriebene Auszahlungsbewilligung für den Kredit schnell und ohne Kommentar an den Leiter der Kreditbetreuung, wirft den Mantel über und will schon aus dem Büro stürzen, als ihr noch einfällt: Halt, die Unterschrift des Hauptgesellschafters! Also traut sie sich in die Höhle des Drachens und bittet Edelgard, diese Unterschrift einzuholen und an den Leiter der Kreditbetreuung zu schicken. Edelgard hat die spitzen Ohren mal wieder heruntergeklappt und investiert ihre Energie lieber darin, sich über die Kollegin aufzuregen, die – in ihren Augen – weder ihren Job noch ihren Mann noch ihr Kind im Griff hat. Am anderen Morgen fragt Susanne zwar noch einmal nach, ob Edelgard ihrer Bitte nachgekommen sei, aber als diese gewohnt unwirsch und ohne wirklich zugehört zu haben bloß «Ja, ja!» antwortet, gibt sie sich damit zufrieden. Dass der Drache in Wahrheit schön in seiner Höhle geblieben ist und überhaupt nichts unternommen hat, kann sie nicht ahnen. Rolf «Vogel Strauß» Messerknecht natürlich auch nicht. Weil er in dieser Sache von niemandem mehr etwas gehört hat, geht er davon aus, dass alles in Ordnung ist.

Ein halbes Jahr später findet eine routinemäßige Revision durch einen Wirtschaftsprüfer statt. Der entdeckt dann endlich – na, was wohl? –, dass die Unterschrift des Hauptgesellschafters unter der Bürgschaft für den Millionenkredit fehlt. Und marschiert mit dieser Erkenntnis ins Büro des ach so korrekten Herrn Messerknecht – der schließlich den Kredit bewilligt hat, ohne dass die Unterschrift vorlag. Dem bricht prompt der Angstschweiß aus. Er weiß: Wenn die Firma mit den Rückzahlungen in Verzug gerät, wird er persönlich haftbar gemacht. Er – der immer mit acht Airbags unterwegs ist, auf Korrektheit Wert legt wie ein Bundesbeamter, Auseinandersetzungen hasst, unklare Verhältnisse auch, und sowieso den Kopf am liebsten Sie-wissen-schon-wohin steckt – muss der Tatsache ins Auge blicken, dass er versagt hat! Ausgerechnet er muss um seinen Job fürchten. Um seine Existenz. Für ihn steht der Weltuntergang kurz bevor.

Was er als Nächstes anpackt, ist klar. Schadensbegrenzung ist angesagt. Also kümmert er sich höchstpersönlich darum, die Unterschrift des Hauptgesellschafters noch einzutreiben. Einen Plan B hat er auch, für den Fall, dass er diese Unterschrift nicht bekommt: Er wird den Kredit kündigen. So weit, so gut. Dann aber macht er sich endlich an die Ursachenforschung – und zitiert Susanne Bergmann in sein Büro. Schließlich hat er sie beauftragt, diese Unterschrift einzuholen und sich bei ihm zu melden, falls es damit irgendwelche Probleme gibt. Sie ist also die Schuldige. Oder?

Susanne, mit den Tatsachen konfrontiert, ist genauso verzweifelt. Sie berichtet Rolf Messerknecht natürlich, dass sie den Auftrag an den Drachen Edelgard delegiert und diese ihn offensichtlich ignoriert hat. Und endlich packt sie die Karten auf den Tisch und erzählt ihrem Chef, was schon so lange schiefläuft und unter welcher Belastung sie steht. Dass sie viel zu viel arbeitet. Dass ihre Kollegin sich am helllichten Nachmittag die Fingernägel lackiert und sie anraunzt, sobald sie ihr eine Aufgabe übergeben will, die der nicht in den Kram passt.

> ... und sowieso den Kopf am liebsten Sie-wissen-schon-wohin steckt.

Der Vorstand vertraut und glaubt Susanne. Und realisiert während des Gesprächs nach und nach, dass die Situation schon vor Monaten aus der Bahn geraten ist. Er erkennt vor allem eins: seinen Anteil daran. Er hat es versäumt, genau hinzuschauen. Er war zu bequem, sich mit der Situation auseinanderzusetzen, zu feige, sich dem Kampf mit dem Drachen zu stellen. Als er am Ende dieses Tages sein Büro verlässt und nach Hause geht, ahnt er schon, dass ihm eine schlaflose Nacht bevorsteht. Seine Schuldgefühle quälen ihn. Und er weiß auch: Es hätte keinen Sinn, sich unvorbereitet in das Gespräch mit Edelgard zu begeben. Erst muss er sich gut überlegen, was er von ihr will und wie seine Ziele aussehen.

Besser spät als nie

Das macht der Vorstand jetzt endlich einmal richtig! Hätte er hier spontan und impulsiv reagiert, hätte er im Kampf mit dem Drachen mit Sicherheit den Kürzeren gezogen. Er muss sich jetzt Zeit nehmen und sich einige Dinge bewusst machen: Gab es Signale, an denen er hätte erkennen können, dass etwas schieflief? Wie konnte es überhaupt dazu kommen? Die besten Ziele für das Gespräch mit Assistentin Edelgard liegen auf der Hand. Am Ende des Gesprächs muss die gute Edelgard eingesehen haben, dass sie sich falsch verhalten hat. Mehr noch: Sie muss akzeptieren, dass ihr Verhalten völlig neben der Spur war und dass Rolf Messerknecht so etwas nicht mehr erleben möchte. Aber – Achtung – zugleich muss der *Geliefert wird, was der Mitarbeiter bestellt.* Vorstand ihr seinen Fehler eingestehen: Dass seine Vogel-Strauß-Taktik die falsche war. Dass er es versäumt hat, seine Mitarbeiter zu beobachten, daraus seine Schlüsse zu ziehen und entsprechend zu handeln. Und dazu braucht es Rückgrat!

Was Rolf Messerknecht sich außerdem überlegen muss: Welche Aufgaben er Edelgard Dennewitz zukünftig übergibt. Eines ist sicher: Die spannenden, eher strategischen Aufgaben sollte Susanne Bergmann zugewiesen bekommen. Für Edelgard bleiben die gut zu kontrollierenden Routinetätigkeiten – das Abhaken interner Konten beispielsweise. Wenn sie sich darüber beschweren will – soll sie doch! Sie hat sich schließlich selbst dafür entschieden, geführt zu werden.

Es ist, wie es ist. Die unbequeme Wahrheit für Rolf Messerknecht ist: Er muss sich der direkten Auseinandersetzung mit seiner Assistentin Edelgard stellen – einem Menschen, in dessen Gegenwart er sich unsicher und nicht akzeptiert fühlt. Er muss sich eingestehen, dass er wider besseres Wissen gehandelt und geführt hat. Durch seine Vermeidungshaltung hat er aktiv dazu beigetragen, dass die Situation eskaliert ist. Er ist mitverantwortlich. Nun steht er an einem Punkt, an dem seine bisherige Strategie des Wegschauens nicht mehr ausreicht. Bis dahin war er damit erfolgreich, das ist nun vorbei. Viel schlimmer noch: Dadurch, dass er die Kuschelzone nicht schon früher verlassen hat, hat er eine noch viel drastischere Situation heraufbeschworen. Er muss damit rechnen, dass seine Assistentin ihm einiges um die Ohren haut: Warum hat er auch nicht kontrolliert, ob seine Anweisung wirklich ausgeführt wurde? Er muss seiner Assistentin ankündigen, dass sie in Zukunft von ihm direkt ihre Aufgaben übertragen bekommt – sei sie auch noch so schnippisch und bissig –, dass er kontrollieren wird, ob sie diese Aufgaben wirklich ausgeführt hat und dass er Sanktionen verhängen wird, sollte dies nicht der Fall sein.

Sie sind der Boss!

Merken Sie was? Ausgekuschelt hat es sich – jetzt. Spätestens jetzt, in diesem Moment, in dem Sie dieses Buch lesen. Und wenn Sie das immer noch nicht glauben, dann setzen Sie doch mal die Namen Ihrer Mitarbeiter in die Grafik weiter oben. Schauen Sie der Wahrheit ins Gesicht: Welche Mitarbeiter haben Sie? Wer in Ihrer Truppe ist eigenverantwortlich und wer führungsbedürftig? Sie sollten ein für alle Mal realisieren, dass Sie Mitarbeiter haben, die konsequent kontrolliert werden müssen. Sind es wenige, dann gratuliere ich

Ihnen. Sind es gar keine, dann haben Sie wahrscheinlich überhaupt nur ein oder zwei Mitarbeiter und zudem Glück – oder Sie lügen sich etwas in die Tasche. Sind es viele, dann sind Sie *jetzt* gefordert.

Und dann werden Sie bitte ungemütlich. Klären Sie mit Ihren Mitarbeitern die Erwartungen, die Sie an sie haben. Sagen Sie Ihnen deutlich, woran Sie erkennen, welcher Kategorie sie angehören. Und dass Sie immer auf die entsprechenden Signale achten werden. Äußern Sie den Wunsch, dass mehr von ihnen eigenverantwortlich agieren und – vor allem und immer wieder – dass sie es selbst in der Hand haben, ob sie via Vertrauen oder via Kontrolle geführt werden. Geliefert wird, was der Mitarbeiter bestellt – und wer durch sein Verhalten «Einmal heftige Kontrolle, bitte!» in den Saal ruft, na, der bekommt das selbstverständlich prompt...

Vergessen Sie nie: Von führungsbedürftigen Mitarbeitern werden Sie niemals das bekommen, was Sie brauchen, solange Sie ihnen nicht auf die Füße treten. Ansonsten: Bleiben Sie immer sensibel für das Verhalten Ihrer Mitarbeiter. Sonst werden Sie nicht mitbekommen, ob sie Lob verdient haben oder Kontrolle. Wenn Sie diese Ratschläge beherzigen, wird es leichter für Sie, zu führen. Denn dann wissen Sie genau, wo Ihre Mitarbeiter stehen und welche Art von Führung sie brauchen.

Die unbequeme Wahrheit ist: Sie müssen den Kuschelkurs beenden. Endgültig. Behandeln Sie Ihre Mitarbeiter ungleich. Ja, ungleich. Nur dann sind Sie gerecht.

Kapitel 2 **Die harten Hunde haben die stärksten Rudel**

Warum die Mitarbeiter froh sind, wenn ihr Chef weiß, was er will

Schauen wir sie uns doch einmal etwas genauer an, die typischen Führungskräfte in den Unternehmen. Die Rolf Messerknechts der höheren Ebenen. Die dynamischen Aufsteiger. Die ihren Weg nach oben scheinbar mühelos geschafft haben. Da sitzen sie, in ihren Chefsesseln, umgeben von ihren Statussymbolen. Und nun? Klemmt's auf einmal im Getriebe. Reicht ihnen die Luft nicht mehr zum Atmen, weil sie so dünn geworden ist. Haben sie bei ihren Mitarbeitern nichts zu melden, werden von ihrem Mentor aufs Abstellgleis geschoben oder bei der nächsten Übernahme einfach an die Luft gesetzt. Da helfen weder der dicke Dienstwagen noch die Anzahl der Untergebenen und auch nicht das feine Stöffchen, aus dem das Anzughemd maßgeschneidert wurde. Denn sie haben vergessen, wo es langgeht, die Aufsteiger. Haben vor lauter Da-wo-ich-bin-ist-vorne übersehen, dass man nur dann an sein Ziel kommt, wenn man erstens weiß, was das ist, ein Ziel, und sich zweitens überlegt, wie der Weg dorthin aussehen könnte. Und wenn man das nicht weiß, ist man eben ganz schnell aus dem Rennen.

Rolf Messerknecht aus dem vorherigen Kapitel gehörte zu ihnen. Und er ist nicht allein. In diesem Kapitel stelle ich Ihnen noch drei weitere dieser kuscheligen Führungskräfte vor. Gesucht wird hier das Kuschelmuster! Seien Sie ruhig gespannt, wo es sich überall findet. Aber der Reihe nach. Fangen wir mit Frank Zirkowski an. Frank war ein Spezialist für Finanzmathematik und trat seine erste Stelle nach dem Studium bei einer großen Versicherung an. Er war ein idealer Mitarbeiter: neugierig, aufgeschlossen, wissbegierig. Alles, was er an der Uni gelernt hatte, wollte er am liebsten sofort in die Tat umsetzen. Er fragte seinen Chef von früh bis spät das sprichwörtliche Loch in den Bauch. Dass es Kollegen gab, die um fünf Uhr gerne nach Hause gingen, konnte er nicht nachvollziehen. Er kam mir manchmal vor wie ein großer Junge, der staunend die Welt um sich herum betrachtet: Ist ja alles so schön bunt hier! Und weil die Versicherungsbranche eher einen grauen Touch hatte, bevorzugte Frank Zirkowski bunte Krawatten mit ausgefallenen Motiven. Auch sein flotter Gang und die langen Schritte, mit denen er über die Flure flitzte, unterschieden ihn von seinen etwas gemächlicheren Kollegen.

Für seinen Chef war Frank eine Traumbesetzung: Wann hat man schon einmal Mitarbeiter, die mit Begeisterung bei der Sache sind, die auf der Suche nach neuen Aufgaben und Herausforderungen Grenzen überschreiten und gleichzeitig ihren Führungskräften Loyalität und Unterstützung bieten?

Als sein Chef zur Konkurrenz wechselte, nahm er Frank Zirkowski einfach mit. Auch bei seinem neuen Arbeitgeber glänzte Frank mit seinen Qualitäten. Sein Fachwissen war gut und auf dem neusten Stand. Er hatte ein großes Interesse daran, Dinge zu bewegen. Er vermittelte weiterhin den Eindruck, loyal zu sein und einen guten Job zu machen. Alle mochten ihn, auch die Handvoll Mitarbeiter, für die er mittlerweile verantwortlich war.

Keine zwei Jahre später kam der nächste Wechsel. Dieses Mal war es der Chef seines Chefs, der Frank davon überzeugte, mit ihm zum nächsten Arbeitgeber zu wechseln – und dieses Mal war es eine Bank. Gut, dachte sich Frank, wenn sich hier wieder eine so günstige Gelegenheit bietet, pack' ich sie eben am Schopf. Und ging mit. Dass dort ein Aufgabengebiet auf ihn wartete, von dem er eigentlich keine Ahnung hatte – was soll's, wird schon schiefgehen, dachte er

Eine gewisse Ziellosigkeit gehörte schon immer zu seinen hervorstehenden Eigenschaften.

sich. War es bisher ja auch immer gegangen. Kein Problem für unseren Helden Nummer eins. Eine gewisse Ziellosigkeit gehörte schon immer zu seinen hervorstechenden Eigenschaften – auch wenn diese nicht für jeden auf den ersten Blick ersichtlich war.

Braun-beige Selbstlosigkeit

Und hier kommt auch schon Held Nummer zwei – noch so ein Aufsteigertyp. Er heißt Thomas Niedermeyer und ist Biologe. Sein herausragender Charakterzug: Selbstlosigkeit. Die Gemeinschaft geht ihm über alles. Das war schon früher so, als er noch bei den Pfadfindern war, und auch später, als er sich in der kirchlichen Jugendarbeit engagierte. Individualismus liegt ihm von jeher so fern wie einem Elefanten das Salsatanzen. Interesse, Verständnis, Mitgefühl: Das bringt Thomas Niedermeyer den Menschen in seinem Umfeld entgegen. Ein echter Gutmensch also. Auch sein erster Job nach seinem Studium passt dazu: Er hatte lange in Afrika gearbeitet, als Entwicklungshelfer im Bereich Agrarwirtschaft. Als er nach Europa zurückkam, hatte er einen gewissen Exotenstatus erlangt. «Ach, Sie waren in den Tropen? Wo denn da? Was haben Sie da gemacht?» Wenn er dann von seiner Arbeit und seinem Engagement erzählte, hatte er nicht das Gefühl, dass sich alles um ihn, um seine Person und um seine Kompetenz drehte – denn das verabscheute er ja –, sondern um die Menschen, die Not litten und denen er mit seiner Arbeit geholfen hatte. Äußerlichkeiten interessieren ihn nicht. Das sieht man ihm auch an: Er kleidet sich gerne in biederem Braun-Beige. Dass er dadurch immer blass aussieht, stört ihn nicht. Er bemerkt es nicht einmal. Auch die altmodische Brille wirkt nicht sehr vorteilhaft. Er bewegt sich behäbig. Er fühlt sich in seinem Leben oft hin- und hergerissen – zwischen den Verpflichtungen, die sein Job mittlerweile mit sich bringt, und dem Spaß, den er an vielen anderen Dingen im privaten Bereich hat. Er programmiert gerne Websites für Freunde und Bekannte und schreibt viele Beiträge in Blogs zum Thema Afrika. Da hängt er sich ausnahmsweise mal richtig rein und vergisst Zeit und Raum. Dass er sich zwischen Pflichtprogramm und persönlichem Engagement aufreibt und eigentlich nicht genau weiß, wo sein Platz ist, merkt man auch seiner Körperhaltung an: schlaff und weich. Ständig schwankt sein Oberkörper hin und her, als müsste er seine Verankerung überprüfen.

Über einen seiner früheren Kollegen fand Thomas Niedermeyer nach seiner Rückkehr nach Deutschland eine Stelle in der Forschungsabteilung eines mittleren Chemieunternehmens, das auch Düngemittel herstellte. Er arbeitete dort in einem kleinen Team und war zufrieden. Doch dann geschahen zwei Dinge: Das Unternehmen, für das er arbeitete, wurde von einem Branchenriesen übernommen. Das bedeutete für Thomas Niedermeyer, dass er nicht nur die Abteilung, sondern auch den Wohnort wechseln musste, wollte er seinen Arbeitsplatz behalten – und seine Frau trieb ihn auf einmal an, doch endlich Karriere zu machen. Also zogen sie um, und Thomas Niedermeyer wurde irgendwann Chef. Ein netter Chef natürlich. So nett, dass er nach einer gewissen Zeit seinen Mitarbeitern die Arbeit abnahm, wenn sie ihm nur lange genug etwas vorjammerten. Gerade letztes Wochenende hatte er wieder Standdienst auf einer Messe geschoben, weil seinen Mitarbeitern die Zeit fehlte. Klar, die hatten ja auch alle Kinder und entsprechende Verpflichtungen. Fußballplatz, Kindergeburtstag, Badezimmer renovieren und so. Aber so ist er nun mal – unser zweiter Held. Mit Held Nummer eins teilt er gleich mehrere Eigenschaften: Er lässt sich nicht nur ziellos treiben, auch ein fester Wille scheint ihm abzugehen. Was ist nur los mit denen, die den anderen eigentlich sagen müssten, wo es langgeht?

Von Beruf: Sohn

Und hier kommt schließlich Held Nummer drei: Sebastian Adelmann. Er ist eine beeindruckende Erscheinung, dieser Sebastian. Groß, breitschultrig, ein Kerl zum Anlehnen. Sein Beruf: Sohn. Sein Vater war ein großes Tier in der Bankenszene und sorgte dafür, dass sein Sohn – Volkswirt wie er – in den besten Häusern unterkam. Weil die Chefs es sich nicht mit dem Vater verderben wollten, schließlich war der ziemlich mächtig und wusste einiges, was besser nicht ans Licht der Öffentlichkeit kam, nahmen sie den Sohn unter ihre Fittiche. Sie machten ihn zu einer Art Junior-Frühstücksdirektor und schickten ihn mit mehr oder weniger wichtigen Menschen zum Mittagessen. Fachlich war er ja ganz gut. Menschlich jedoch war und ist nicht viel zu holen bei Sebastian Adelmann. Er klopft flapsige, verletzende Sprüche und über seine Witze lacht niemand außer er selbst. In die Kantine geht er grundsätzlich allein. Er will offensichtlich niemanden um sich haben. Was er dagegen will, sind Statussymbole. Er will glänzen und sich abheben, er will etwas darstellen. Dass seine mehrere Tausend Euro teure Uhr und sein Einstecktuch seit seinem Wechsel von einer Großbank in den Vorstand einer Genossenschaftsbank allerdings völlig fehl am Platz sind und nur signalisieren, dass er sich auf sein Umfeld kein Stück einlassen kann: egal. Das interessiert ihn einfach nicht.

Sein Vater ist vor einigen Jahren in Rente gegangen. Seither haben sich seine Mentoren einer nach dem anderen von Sebastian zurückgezogen. Er ist allein. Isoliert. Seine Mitarbeiter fürchten sich vor ihm. Wenn ihr Chef mit wehender Krawatte um die Ecke biegt, ziehen sie die Köpfe ein.

Ausgetrocknete Flussläufe

Merken Sie was? Ziel- und Willenlosigkeit – das ist es, was auch Held Nummer drei auszeichnet und somit unsere drei Protagonisten verbindet: Frank Zirkowski, den unbedarften Finanzmathematiker, Thomas Niedermeyer, den selbstlosen Entwicklungshelfer, und Sebastian Adelmann, den statusorientierten Einzelgänger. Sie alle drei sitzen in einer kuscheligen Komfortzone. Lassen sich mitschleppen, bemuttern, behüten, beschützen – weit davon entfernt, sich zu überlegen, welche Ziele in ihrem Leben sie denn erreichen wollen, wie sie sie erreichen wollen und wozu sie sie erreichen wollen. Und deswegen erwischt es jeden von ihnen, den einen früher, den anderen später. Alle schlittern sie in eine Krise:

Und deswegen erwischt es jeden von ihnen, den einen früher, den anderen später.

Frank Zirkowski fragt sich, was denn nun aus ihm wird, an seiner neuen Arbeitsstelle. Immer öfter muss er gegenüber seinen Mitarbeitern fachliche Schwächen eingestehen. Er ist mit seinen Aufgaben überfordert. Und zu allem Überfluss steht eine Fusion mit einer anderen Bank an. Franks Chef wird gehen und kann ihn nicht wieder einfach so mitnehmen. Zum ersten Mal in seiner Karriere steht Frank vor wirklichen Problemen. Der Fluss, auf dem er sich bislang einfach so treiben lassen konnte, ist versiegt.

Thomas Niedermeyer ist ähnlich gebeutelt: Sein Chef, der bislang schützend die Hand über ihn hält, wird bald in Rente gehen. Also rückt er Thomas auf den Pelz: Der soll nämlich aufhören, so nett zu seinen Mitarbeitern zu sein und sich ausbeuten zu lassen. Er soll sich stattdessen ein klares Profil geben und sich selbst besser vermarkten. Thomas findet das vollkommen unnötig. Er versteht sich doch gut mit allen, alle fühlen sich wohl und kuscheln den ganzen Tag, wo also ist das Problem? Er kann seinem Chef aber auf die Frage, wo es denn nun hingehen soll mit seiner Karriere, keine zufriedenstellende Antwort geben. Auch nicht auf die Frage, warum er selbst Standdienst auf der Messe schiebt, wo das doch Aufgabe und Pflicht seiner Mitarbeiter ist. Zum ersten Mal in seinem Leben vergleicht sich Thomas Niedermeyer mit anderen und spürt nagende Zweifel in sich. Und zu Hause wird das Klima immer frostiger. Seine Frau findet, dass er zu wenig aus sich und seinen Fähigkeiten macht. Sie nörgelt und zerrt permanent an ihm herum.

Und Sebastian Adelmann – der seine Mitarbeiter so führt, als säße er im Papamobil: erhaben, gut zu sehen, behängt mit Lametta, und gänzlich unnahbar – fühlt sich einsam. Sehr einsam. Seine Mentoren haben sich von ihm zurückgezogen. Seine Mitarbeiter folgen ihm – wenn überhaupt – nur, weil sie Angst vor ihm haben und weil er Druck als probates Führungsinstrument empfindet und entsprechend einsetzt. Ansonsten bekommt er wenig auf die Reihe und spürt deutlich, dass er so auf Dauer nicht erfolgreich sein wird.

Diese drei Führungskräfte sind an einem Punkt angelangt, an dem die Luft in der Komfortzone langsam dünn wird. Sie fühlen sich zunehmend unwohl, mehr noch: Sie bekommen Angst. Ihr Leben gerät aus den Fugen, und sie wissen nicht, warum das so ist. Es hat ja bis hierher immer alles gut geklappt! War doch immer schön kuschelig, das Leben! Und das soll jetzt auf einmal aufhören? Bloß nicht! Warum soll man sich denn nur Gedanken machen müssen über das, was man noch so vorhat im Leben oder wo der Berufsweg einen hinführen soll? Das Problem ist: Alle wollen kuscheln, alle wollen sich anlehnen, alle wollen mitspielen. Aber keiner will sagen, wo es langgeht. Denn keiner will die Konsequenzen tragen. Die da wären: Auseinandersetzungen zu riskieren. Widerstände überwinden zu müssen – bei sich und bei anderen. Sich anfeinden lassen. Sich mal etwas abzuverlangen. Anderen etwas abzuverlangen. Denn das ist leider überhaupt nicht nett. Bis zu einem gewissen Punkt ist eine solche Haltung gar nicht zu kritisieren – wenn einer nichts erreichen will in seinem Leben, soll er doch einfach weiterkuscheln, da hat niemand was dagegen. Wer allerdings etwas erreichen möchte, wer ehrgeizig ist – und zu denen gehören Sie doch, oder etwa nicht? –, der muss wissen: Der Schmusekurs in der Komfortzone kostet einen hohen Preis. Und er endet unweigerlich. Nämlich an dem Punkt, an dem etwas ins Rollen kommt. Meistens geschieht dies dann, wenn in der Außenwelt etwas zerbricht, wenn die heile Welt in Stücke fällt: durch eine Fusion, eine Übernahme oder wenn der Arbeitsplatz in Gefahr ist. Irgendetwas geschieht, das diese Menschen aus ihrer Komfortzone herauskatapultiert. Und auf einmal wissen sie nicht mehr, wie sie es sich wieder kuschelig machen sollen, sprich: angenehm, interessant oder spannend. Sie sind an einem Punkt angelangt, an dem sie in sich schauen und nichts als Leere entdecken. Das Fatale: Auch von außen kommt keine Orientierungshilfe mehr. Denn so ist das nun mal: Kuschler

Alle wollen kuscheln, alle wollen sich anlehnen, alle wollen mitspielen. Aber keiner will sagen, wo es langgeht.

brauchen Anreize aus der Außenwelt, um ihr Dasein als angenehm zu empfinden. In sich selbst, in ihrer Innenwelt suchen sie vergeblich nach solchen Anreizen, nach Sinn, nach Wert. Das haben sie nie gelernt. Das war auch gar nicht nötig. Es ging bislang ja immer so. Denn sie haben nie selbst ihren Lebensweg bestimmt. Das hat immer der Zufall für sie erledigt. Und was sie ebenfalls nie gelernt haben: das Letzte aus sich herauszuholen. Sich zu fordern. Sich zu quälen. Hart zu sich selbst zu sein. Denn das ist nicht angenehm, ganz und gar nicht. Deswegen bleibt ein Kuschler oft weit hinter seinen Möglichkeiten zurück. Und mit ihm seine Mitarbeiter. Denn wenn die niemanden haben, der erstens die Richtung angibt und ihnen zweitens auf die Füße tritt, wenn sie nachlassen, dann sieht es düster aus. Einer ist der Boss, der Kapitän, der Pilot. Oder haben Sie schon mal erlebt, dass der Purser dem Piloten einfach so für eine Stunde die Arbeit abnimmt? Eben. Ich auch nicht. Und selbst wenn: Ich wollte dann nicht an Bord sein.

Chefs im Dornröschenschloss

Wenn ich so eine Führungskraft aus der Kuschelfraktion erlebe, muss ich immer an das Märchen von Dornröschen denken. An die Prinzessin, die sanft schlummernd im dornenbewehrten Schloss liegt und darauf wartet, dass einer kommt und sie wach küsst. Mit den Kuschlern ist das so ähnlich. Sie leben in einer Art Märchenschloss, in einem Schonraum, in dem sie sich austoben können, etwas ausprobieren können. Dennoch ist immer einer da, der sie beschützt, sie vor Ungemach des echten Lebens bewahrt, sei es ein Übervater, ein Mentor oder einfach ein Chef. Der wichtigste Unterschied zu Dornröschen: Werden die Kuschler wach geküsst, erledigt dies nicht ein hübscher Prinz, sondern die harte Realität – in Form von bevorstehenden Übernahmen, neuen Vorgesetzten, wegbrechenden Privilegien oder eben persönlicher Desorientierung. Auf die Kuschler wartet keine rosa umwölkte Zukunft, sondern das, was viele andere schon zu einem viel früheren Zeitpunkt in ihrem Leben durchgemacht haben:

das Erwachsenwerden. Und dazu gehört, dass man sich Fragen stellt wie: Wo will ich hin? Was macht mich glücklich? Ist mein Leben bislang so verlaufen, wie ich es haben wollte? Auf den Punkt gebracht: Es geht um Sinn, um Werte, um Ziele.

Diesen Fragen muss sich nun Frank Zirkowski mit seiner bunten Krawatte auf einmal stellen. Er ist an einem Punkt angelangt, an dem es für ihn nicht mehr einfach so wie immer weitergeht. Sein neues Aufgabengebiet überfordert ihn. Er macht zum ersten Mal in seinem Leben die Erfahrung, dass ihn seine Mitarbeiter infrage stellen. Besonders peinlich wird es für ihn, als er anlässlich einer Betriebsprüfung vor versammelter Mannschaft einige Fragen des Betriebsprüfers nicht beantworten kann und keiner seiner Mitarbeiter für ihn in die Bresche springt. Da fühlt Kuschel-Frank sich so, wie er sich zuletzt im Turnunterricht in der Grundschule gefühlt hat, als er bei der Mannschaftsauswahl immer der Letzte war, der noch übrig blieb. Sein Image heute ist ähnlich. Seine Mitarbeiter tuscheln nämlich auf dem Flur: «Mit der Frage brauchst du eh nicht zum Chef zu gehen, der weiß das sowieso nicht.»

Bei Licht betrachtet haben Franks Mitarbeiter genau das gleiche Problem wie er selbst: Sie sind orientierungslos. Sie wissen nicht, wo es langgeht. Der kleine, aber feine Unterschied: Ihnen steht das zu. Sie sind Smutjes oder Maschinisten. Sie sind nicht Kapitän. Frank als Führungskraft steht das dagegen nicht zu. Ein Chef ist nur dann Chef, wenn er vorgibt, wo oben und wo unten ist. Wenn er gestaltet. Wenn er den Ton angibt. Tut er das nicht, verschwendet er seine Energie und die seiner Mitarbeiter. Keiner bringt dann maximale Leistung. Alle irren orientierungslos umher. Deswegen sind Mitarbeiter froh, wenn sie einen Chef haben, der weiß, was er will.

Panikattacken im ICE

Nicht nur Frank Zirkowski, auch die anderen beiden Führungskräfte, die ich Ihnen vorgestellt habe, befinden sich an einem Scheideweg – nicht nur in ihrer Karriere, sondern in ihrem Leben. Auch für sie heißt es: Ausgekuschelt! Runter mit der weichen Bettdecke und raus aus dem warmen Nest! Was aber müssen diese drei für sich durchdenken und entscheiden, statt schlotternd vor dem Bett zu sitzen und vergeblich nach den vorgewärmten Filzpantoffeln zu suchen, die da sonst immer auf sie warteten? Das Wichtigste: Sie müssen anerkennen, dass sie so sind wie sie sind und dass sie einen Punkt erreicht haben, an dem sie nicht einfach so weitermachen können wie bislang. Dies ist eine Krise! Sie müssen anerkennen, dass sie beispielsweise für ein Thema oder einen Bereich verantwortlich sind, von dem sie keinen blassen Schimmer haben, so wie Frank Zirkowski. Dass sie eine Frau haben, die bestimmte Erwartungen formuliert und sie antreibt, so wie Thomas Niedermeyer. Oder dass sie zwar toll aussehen und die teuerste Uhr im ganzen Haus haben, es ihnen aber nicht gelingt, Beziehungen zu anderen Menschen aufzubauen, obwohl sie die doch so dringend bräuchten – wie Sebastian Adelmann. Mein Appell an diese ruhmreichen drei lautet: Macht erst einmal die Augen auf! Schaut euch um! Beobachtet euer Umfeld genau! Nehmt das, was ihr seht, als Realität hin! Das ist das wahre Leben! Nicht die rosa geblümte Märchenwelt, in der ihr euch bislang einfach habt treiben lassen! Ausgekuschelt!

Klar. Rausgehen und blindlings wegrennen, das kann er.

Jetzt mal ganz im Ernst: So einfach, wie sich das hier vielleicht anhören mag, ist es beileibe nicht. Erst recht nicht, wenn man dann – als Führungskraft mit Mitte dreißig, Anfang vierzig – seine Realität, seine Situation als misslich erkennt, sie hinterfragt und keine Antworten findet. Keine Strategie, keine Muster hat, denen man folgen könnte, nur Zweifel an sich selbst. Und Leere. Perspektivlosigkeit. Das auszuhalten, ist schmerzhaft. «Na gut, wenn das hier nichts wird, dann geh ich halt woanders hin. Das hat ja in der Vergangenheit auch immer gut funktioniert!» – das war Kuschel-Franks erster Impuls in dieser für ihn schmerzhaften Situation. Klar. Rausgehen und blindlings wegrennen, das kann er. Das hat er schließlich lange genug geübt. Ist ja auch einfacher, als sich einer unkuscheligen Situation auszusetzen und sich endlich mal Gedanken darüber zu machen, was man eigentlich tun könnte, um seiner Rolle gerecht zu werden.

Wer diese Phase überwunden hat, ohne weggerannt zu sein, der sucht weiter in seinem Inneren nach Sinn, nach Orientierung und findet – immer noch nichts. Jetzt wird es richtig hart. Denn nun ist es endgültig vorbei mit der Sicherheit und mit dem Lebensgefühl: Ich kann alles erreichen, ich komm schon durch, irgendwie wird es auch dieses Mal weitergehen. Nicht wenige Menschen entwickeln in solchen Lebenskrisen massive Panikattacken oder Angststörungen. Sie trauen sich nicht mehr auf die Straße, in Meetings, auf die Autobahn oder in den ICE. Und jetzt, in dieser großen Leere und Unsicherheit kommt sie – die Konfrontation mit sich selbst. Das ist eine ganz brutale Nummer. Wer sich dieser Konfrontation stellt, beweist Stärke nach außen und Härte gegen sich selbst. Nicht der, der seine Mitarbeiter mit Druck, Angst oder Larifari führt. Sondern der, der in den Ring mit sich selbst steigt. Und zwar zuerst – bevor er den anderen sagt, wo es langgeht. Das ist ein Teil des Reifeprozesses einer Persönlichkeit. Der, der innerlich noch ein Grundschüler ist, wird an diesem Punkt weglaufen und sich eine neue Spielwiese suchen. Der, der sich anschickt, zu reifen, wird an dieser Stelle erkennen, dass es nun an der Zeit ist, etwas über sich selbst zu lernen. Über seine Defizite, seine Unzulänglichkeiten, seine Schwächen.

Raus aus den vollen Hosen!

So. Jetzt kennen Sie also unsere drei krisengeschüttelten Führungskräfte. Sie wissen, was sie antreibt, umtreibt und was sie straucheln lässt. Sie haben das Kuschelmuster erkannt. Und? Haben Sie nicht auch Mitleid mit den dreien? Vorschlag: Wir nehmen sie uns mal zur Brust. Wir reden mal Tacheles miteinander. Kommen Sie ruhig mit! Als Erstes statte ich Frank Zirkowski einen kleinen Besuch ab. Freier Parkplatz direkt vorm Gebäude – sehr schön. Schon bin ich drin in seiner Bank. Hier, den Flur entlang, an all den verschlossenen Türen vorbei – hier könnte auch mal einer ein paar Bilder aufhängen! –, noch einmal um die Ecke ... und da sind wir schon. Ich klopfe mal kurz an ...: Ach, hallo, Frank! Na, wie geht's Ihnen denn heute? Nicht so gut? Das habe ich mir schon gedacht. Wenn man sich als Vierzigjähriger so fühlt, als sei man ein Grundschüler und hätte die Hosen voll, kann es ja nicht so weit her sein mit dem Wohlfühlfaktor, was? Wissen Sie, was ich glaube? Ich glaube, Sie haben gerade gemerkt, dass es bei Ihnen so nicht mehr weitergeht. Okay, okay, ich bin nicht gekommen, um Sie runterzumachen. Schauen wir uns doch mal eine mögliche Lösung an. Bleiben wir dabei zunächst bei den Schritten, die Sie ganz konkret als Nächstes angehen können. Wie wär's mit einer klassischen Doppelstrategie? Klingt das spannend für Sie? Ich erkläre es Ihnen: Nehmen Sie einfach die Angebote, die Ihnen Ihr Arbeitgeber macht, genau unter die Lupe. Und bewerben Sie sich gleichzeitig bei anderen Unternehmen. Chancen erhöhen, klar? Und: Kümmern Sie sich endlich mal um Ihre Selbstvermarktung! Fragen Sie sich: Was kann ich eigentlich? Worin bin ich so gut, dass ich alle anderen aussteche? Beschäftigen Sie sich mit Ihren Zielen und Ansprüchen! Und reden Sie dann auch mal darüber. Nur so kriegen Sie eine erfolgreiche Bewerbung aufs Papier!

Das sieht doch hier jeder vom einen Ende des Flurs zum anderen, dass Sie gar keine Führungskraft sein wollen.

Aber am allerwichtigsten ist das hier, Frank: Entscheiden Sie sich ganz bewusst dafür, dass Sie eine Führungskraft sein wollen. Ja, Sie haben richtig gehört: Sie müssen führen wollen. Ihre Rolle als Führungskraft bewusst annehmen. Das sieht doch hier jeder vom einen Ende des langen Flurs zum anderen, dass Sie gar keine Führungskraft sein wollen. Scheint Ihnen ja geradezu peinlich zu sein! Hören Sie bitte auf, sich einfach so treiben zu lassen, mal die eine Option in die Hand nehmen, dann wieder die andere, weil's halt gerade so nett ist oder die Gelegenheit günstig erscheint. Furchtbar! Genau das hat ja zu Ihrem Dilemma geführt!

Überlegen Sie sich lieber, wie Sie Ihre Rolle als Führungskraft ausfüllen wollen, wie Sie sie leben wollen. Und mit Ihren Mitarbeitern, die Sie immer mit finanzmathematischen Fragen behelligen – mit denen sollten Sie mal dringend Klartext reden. Schicken Sie die mit ihren Problemen zum Statistiker in Zimmer 305, wo sie hingehören! Der ist nämlich für solche Sachen zuständig, nicht Sie! Es ist nicht Ihr Job, alle mathematischen Details auswendig herbeten zu können! Sie müssen schließlich die strategischen Ziele des Unternehmens im Auge behalten und dafür sorgen, dass die Arbeit im Team rund läuft und ihren Teil dazu beiträgt, dass diese Ziele erreicht werden können! Nur so schaffen Sie es, Ihren fachlich von Ihnen enttäuschten Mitarbeitern wieder ein Gefühl von Sicherheit und Orientierung zu vermitteln!

Ja, genau: Für Sie heißt es «Ausgekuschelt!», Frank. Und zwar bis auf Weiteres. Stellen Sie sich der Erkenntnis, dass es nicht einfach immer so weitergeht, immer automatisch nach oben. Sie müssen sich immer wieder fragen, was sie eigentlich wollen. Es reicht nicht, dass Sie das einmal oder zweimal tun in Ihrem Leben. Die einmal gefundene Antwort ist nicht endlos gültig. Und akzeptieren Sie, dass Sie Grenzen haben. Das ist unkuschelig, ich weiß. Aber der offene Umgang mit Ihren Grenzen macht Sie stark. Signalisieren Sie Ihren Mitarbeitern: Ich bin zwar Chef, aber ich weiß auch nicht alles, holt euch den Expertenrat also gefälligst woanders! Und ich sage euch gerne auch, wo. Denn genau so geht es. Sie als Chef müssen sich nicht für jede kleine Schwäche oder jede Wissenslücke rechtfertigen. Und dadurch signalisieren Sie wieder Stärke, Sicherheit und Orientierung. Also genau das, was Ihre Mitarbeiter brauchen. Geben Sie ihnen das! Sie können es nämlich!

Und Thomas Niedermeyer, der selbstlose Biologe mit der ehrgeizigen Frau, könnte auch mal eine klare Ansage gebrauchen, finden Sie nicht? Also machen wir uns auch gleich auf den Weg zu ihm. Er ist gerade von einem mehrtägigen Kongress zurückgekommen und hat sich hinter Stapeln von Papier an seinem Schreibtisch im Großraumbüro verschanzt – aber das nützt ihm nichts, ich habe ihn schon längst entdeckt, trotz seiner braun-beigen Tarnkleidung: Hallo, Thomas, wie ich sehe, hätten Sie immer noch einen Stilberater nötig! Na, ist doch wahr. Mein Gott, wie Sie rumlaufen! Warum sträuben Sie sich eigentlich so gegen etwas professionelle Unterstützung bei typgerechter Kleidung? Menschen wie Ihnen kann geholfen werden! Ihnen mögen Äußerlichkeiten vielleicht egal sein – aber den Menschen um Sie herum eben nicht. Fragen Sie doch nur mal Ihre Frau. Ein flotter Haarschnitt, eine angemessen modische Brille und vor allem neue Kleidung in frischen Farben – das brauchen Sie jetzt!

Und überhaupt: Werden Sie endlich mal der Chef, der Sie bislang nur auf dem Papier sind! Verschaffen Sie sich Distanz zu Ihren Mitarbeitern. Treten Sie mal ein bisschen straffer auf! Und dieses Großraumidyll hier ist ja das Allerletzte. Bestehen Sie auf einem Einzelbüro! Sonst wird man Sie hier nie ernst nehmen. Und noch etwas: Die Zeiten, in denen Sie Standdienste auf irgendwelchen Messen geschoben haben – die sollten endgültig vorbei sein. Wer den netten Kollegen mimt, kann nun mal kein Vorgesetzter sein.

Na, so allein hier? Hat Sie keiner lieb? Kein Wunder, sag ich Ihnen!

Und dann, mein lieber Thomas, werden Sie mal in die Innenschau gehen müssen. Selbstmarketing heißt das Gebot der Stunde. Was sind eigentlich Ihre Stärken? Haben Sie sich jemals Gedanken darüber gemacht? Es wird nämlich höchste Zeit, dass Sie sich ein klares Profil und eine eindeutige Positionierung verpassen. Vergessen Sie mal Ihre Selbstlosigkeit und Ihre Bescheidenheit – und vor allem vergessen Sie Ihr schlechtes Gewissen. Einer muss führen. Und das sind hier Sie. Dafür werden Sie bezahlt.

Und noch etwas, Thomas: Ihre Frau geht Ihnen vielleicht auf den Zeiger im Moment. Aber sie ist beileibe nicht die Xanthippe, als die Sie sie wegen ihrer Nörgelei empfinden. Ihre Frau ist vielmehr eine ziemlich kluge Person. Sie hat nämlich Ihr Potenzial erkannt und spornt Sie an, mehr aus sich und diesem Potenzial zu machen. Sehen Sie's mal so. Was Besseres kann Ihnen gar nicht passieren! Was Sie jetzt lernen müssen, ist das hier: Hart gegen sich selbst zu sein. Das heißt auch, dass Sie sich zu Hause stärker positionieren. Auch wenn Ihre Frau recht hat: Permanentes Genörgel geht trotzdem nicht! Signalisieren Sie ihr: Danke für deine Unterstützung. Aber komm jetzt bitte aus deinem Nörgelmodus heraus – der nur noch deiner Eitelkeit geschuldet ist – und lass mich meinen Weg gehen. Lerne bitte, mich positiv zu bestärken, und höre auf, mich ständig zu kritisieren!

Mannomann! Thomas Niedermeyer hat es noch immer geschafft, dass ich mich in Rage rede. Aber dann machen wir die Runde doch komplett. Fehlt ja nur noch Mister Hochstatus Sebastian Adelmann – ein ganz spezieller Fall. Ah, da drüben ist er ja schon und wartet ganz allein vor dem Aufzug, da beeile ich mich mal, damit ich ihn noch erwische ...: Hallo, Sebastian! Na, so allein hier? Hat Sie keiner lieb? Kein Wunder, sag ich Ihnen! Ein Chef zum Anfassen sind Sie ja nun nicht gerade. Ich habe da aber spontan mal eine Idee: Was halten Sie davon, wenn Sie in Zukunft so lange vor dem Aufzug warten, bis jemand vorbeikommt, der auch in die Kantine zum Mittagessen fahren will? Nein, das ist kein Witz, sondern mein voller Ernst! So können Sie sich unauffällig unter die Menge mischen, sich einem Grüppchen anschließen und vielleicht mit diesem gemeinsam an einem Tisch Platz nehmen. Das wird aber nur funktionieren, Sebastian, wenn Sie vorher Ihr Einstecktuch und auch diese zwar wunderschöne – ich bin ein echter Uhrenfan, wissen Sie –, aber vollkommen überteuerte Uhr in die hinterste Ecke Ihres Kleiderschranks verbannt haben.

Und noch etwas können Sie gleich mit einmotten: den Druck, die Angst und den Schrecken, die Sie hier permanent verbreiten und mit einem Führungsinstrument verwechseln. Das alles ist doch nur Säbelrasseln! Richtige und echte Stärke müssen Sie erst noch entwickeln! Die kommt nämlich immer von innen heraus. Und das wird hart für Sie, da bin ich mir sicher. Lassen Sie mehr Nähe zu Ihren Mitarbeitern zu! Reden Sie mit ihnen! Greifen Sie ihre Vorschläge und Ideen auf, setzen Sie sie um – wenn sie die entsprechende Qualität haben, natürlich! Lassen Sie mal so richtig locker. Das ist nämlich kein Zeichen von Schwäche, sondern von Souveränität!

Ein Weg entsteht, wenn man ihn geht

Das sind schon drei harte Nummern, diese Typen! Und hart wird auch der Weg, den sie gehen müssen. Aber am Ende werden sie selbst harte Hunde sein, die ganz genau wissen, was sie wollen. Damit wir uns hier nicht missverstehen: Harte Hunde sind für mich keineswegs die, die nach unten treten oder alles beißen, was sich ihnen nähert. Das sind bloß Kläffer und Wadenbeißer. Harte Hunde sind diejenigen, die einen Erkenntnisprozess durchlaufen haben, die in die Abgründe ihrer Persönlichkeit hinabgestiegen und gestärkt daraus hervorgegangen sind. Weil sie nun sich selbst, ihre Stärken und Schwächen besser kennen, sich ihre Ziele bewusst gemacht haben und diese konsequent verfolgen. «Härte» meint immer erst mal Härte gegen sich selbst, meint Widerstandskraft. Das ist so etwas wie ein mentaler Schutzmantel. Ein harter Hund hat nämlich gelernt, dass Erkenntnisprozesse immer wieder einmal wehtun, dass es Rückfälle und Rückschritte gibt, die unweigerlich dazugehören.

Aber der harte Hund weiß auch, dass er selbst das Ziel festlegen muss, wenn er dem Rudel sagen will, wo es langgeht. Sonst wäre er ein Schoßhündchen. Was er noch weiß: Selbst wenn er ein Ziel definiert hat, kann er keine Garantie dafür abgeben, dass er respektive das Rudel es auch erreicht. Es kann durchaus sein, dass sich dieses Ziel unterwegs als utopisch herausstellt und dass er deswegen ein neues definieren muss: Ein Weg entsteht, wenn man ihn geht. Der harte Hund hat oft erlebt, dass es Widerstände auf dem Weg ans Ziel gibt. Er weiß aber auch, dass und wie er diese überwinden wird. Und genau dieses Wissen vermittelt er seinem Rudel. «Wir dürfen hinfallen, aber wir werden wieder aufstehen und den Weg gehen», heißt die Devise.

Es passiert aber noch etwas mit einem solchen Rudel: Kuschler fühlen sich in ihm nicht mehr wohl. Denn sie mögen es gar nicht, wenn etwas von ihnen gefordert wird. Oder der Chef auf einmal klar sagt: «Besorgen Sie sich bitte diese Zahlen eigenständig! Am Dienstag hätte ich gerne die Präsentation auf meinem Tisch!» Das ist nicht kuschelig, oh nein! Kuscheltypen halten es ganz schlecht aus, hin und wieder Gegenwind zu spüren. Und zu sehen, dass der neue Kollege mit Begeisterung am Wochenende den Messestand betreut, sich so das Vertrauen des Chefs erwirbt und auf einmal die spannenderen Aufgaben bekommt. Deswegen hat der harte Hund das stärkste Rudel: Die schwachen Rudelmitglieder passen sich entweder an – oder sie suchen mit eingeklemmter Rute das Weite, und zwar von ganz allein.

Stehen Sie auf!

Wenn ich mal ganz optimistisch bin und mir vorstelle, dass unsere drei Protagonisten durch mein Eingreifen wirklich etwas gelernt hätten, sprich: ihren Erkenntnisprozess durchlaufen und durchlitten haben und sich mit erstarktem Selbstbewusstsein in ihrer neuen Rolle als Führungskraft eingefunden haben – dann sehe ich drei Bilder vor mir:

Warten Sie nicht, bis Sie jemand unter Ihrer warmen, kuscheligen Decke hervorzerrt.

Frank Zirkowski steht in der Mitte einer kleinen Gruppe, irgendwo in einem Besprechungszimmer, wie immer hat er eine bunte Krawatte an. Das Meeting ist vorbei, Frank und seine Truppe stehen noch einen Moment zusammen. Frank redet, reflektiert noch einmal die Ergebnisse der Besprechung. Seine Mitarbeiter hören aufmerksam zu. Irgendwann klatscht er in die Hände und sagt: «Also, los geht's! Morgen treffen wir uns wieder hier und besprechen die Ergebnisse!» «Gut!» – «Alles klar!» – «Bis morgen dann!», tönt es ihm entgegen. Frank macht noch einen kleinen Scherz, und die Gruppe geht lachend auseinander.

Thomas Niedermeyer, der gerade auf einer Tagung zu einem aktuellen wissenschaftlichen Thema einen Vortrag gehalten hat, verlässt unter dem Applaus der Tagungsteilnehmer das Podium. Einige seiner Mitarbeiter sitzen im Publikum. «Hey, ich erkenne ihn nicht wieder!», flüstert der eine dem anderen zu. «Der war ja richtig gut, um nicht zu sagen brillant! Und so locker!»

Und Sebastian Adelmann sehe ich ohne Einstecktuch. Ohne Luxusuhr. Sogar ohne Jackett. Dafür mit hochgekrempelten Hemdsärmeln und einer bunten Swatch am Handgelenk. Die Genossenschaftsbank sponsort ein Fest des lokalen Sportvereins, und Sebastian steht an der Zapfanlage und zapft Bier. Direkt neben ihm: der Vorsitzende des Sportvereins. Er spült Gläser und muss aber dringend weg – seine Rede ist jetzt dran. Sebastian dreht sich um, zu einer seiner Mitarbeiterinnen: «Können Sie hier weiterzapfen? Ich kümmere mich mal um die Gläser!»

Das hört sich doch eigentlich wieder ziemlich kuschelig an, oder? Ist es aber nicht. Es ist vielmehr das Ergebnis harten Ringens jeder der drei Führungskräfte mit sich selbst, und das war ziemlich unkuschelig, da können Sie sicher sein. Aber: Ohne hartes Ringen geht es nicht. Die unbequeme Wahrheit für Sie lautet: Hören Sie auf, sich treiben zu lassen. Hören Sie auf, Ihre Mitarbeiter als Treibgut zu betrachten. Hören Sie auf, sich selbst etwas in die Tasche zu lügen. Seien Sie sich zu schade dafür, eine x-beliebige Gelegenheit beim Schopf zu packen. Warten Sie nicht, bis Sie jemand unter Ihrer warmen, kuscheligen Decke hervorzerrt. Stehen Sie selbst auf! Machen Sie sich Gedanken über Ihre Ziele, Ihre Werte und über den Weg, den Sie gehen wollen. Und gehen Sie ihn konsequent.

Kapitel 3

Inkonsequente Chefs verdienen kein Vertrauen, sondern Entmachtung

Warum der Kuschelkurs Krieg statt Frieden bringt

Nach dem Ende des Krieges lief zunächst alles nach Plan: Die Besatzer kontrollierten das Land. Die Bevölkerung jubelte. Die Statuen des Tyrannen wurden abgebaut. Er selbst war mit seinen Getreuen geflüchtet – scheinbar in alle Winde zerstreut, entwaffnet und demoralisiert. Doch die Ruhe war trügerisch. Schon wenige Tage nach Kriegsende kam es zu Zwischenfällen. Ein Lastwagenkonvoi mit Nahrungsmittelnachschub für die Besatzer wurde aus dem Hinterhalt angegriffen, irgendwo, weit draußen vor der Hauptstadt. Eine Panzerfaust traf ein Transportflugzeug, unmittelbar vor der Landung auf dem Flughafen. Ein von den Besatzern eingesetzter Bürgermeister einer größeren Stadt fiel einem Mordanschlag zum Opfer. Vor einem Besatzerstützpunkt in einem Außenbezirk der Hauptstadt explodierte eine Autobombe.

Mit wem sie es zu tun hatten, wussten die Besatzer nicht genau. Waren es die Anhänger des Tyrannen? Oder doch Zivilisten? Der letzte Attentäter, den sie gefasst hatten, war ein als *Zermürbung des Gegners hieß das Ziel.* Taxifahrer verkleideter Offizier der ehemaligen Armee des Tyrannen gewesen. Die Grenzen zwischen Freund und Feind: aufgehoben. Jeder konnte den Tod bringen. Man wusste nicht wann, man wusste nicht wo. Sprengstoff war ja überall zu bekommen. Selbst im Hauptquartier der Besatzer. Angst machte sich breit.

Was man aus dem Hauptquartier zu hören bekam, war lediglich: «Der Aufstand ist zerschlagen», «Der Widerstand ist beendet» oder

«Nur noch wenige Hardliner leisten Gegenwehr». Ein bestimmtes Wort nahmen die Besatzer nie in den Mund, auch wenn alle Zeitungen es schrieben. Sie wollten nicht wahrhaben, dass sie sich schon mittendrin befanden: in einem Guerillakrieg.

Guerilla: Diese Verkleinerungsform des spanischen Worts «guerra» wurde das erste Mal im spanischen Unabhängigkeitskrieg 1807–1814 benutzt: für den Kleinkrieg, den die spanischen Unabhängigkeitskämpfer vor allem in Katalonien, Navarra, dem Baskenland und in den kastilischen Bergen veranstalteten und mit dem sie den napoleonischen Truppen den letzten Nerv raubten. Zermürbung des Gegners hieß das Ziel.

Guerilla. Zermürbung. In Ihrem Unternehmen. Mit Ihren Mitarbeitern. Wollen Sie das? Nicht im Ernst, oder? Dann hören Sie endlich auf zu kuscheln! Aber einer der kuschelt, ist doch so ein friedlicher Mensch und alles andere als kriegerisch – ist es das, was Sie denken? Friede, Freude, Eierkuchen? Wer weder Panzerfaust noch Sprengstoffgürtel will, der kuschelt eben? Na gut. Ich erkläre es Ihnen.

Rostige Türangeln

Ein Guerillakrieg in einem Unternehmen beginnt so: Der Chef kommt gutgelaunt in Maiers Büro und sagt: «Maier, machen Sie mir doch mal die Präsentation fertig für das Vertriebsmeeting morgen, da will ich sie dem Vorstand zeigen!» Maier denkt sich: «Oh nein, warum schon wieder ich? Mein Schreibtisch ist eh schon so voll!», und entgegnet freundlich: «Na klar, Chef, wird erledigt.» Am anderen Morgen, eine Stunde vor Beginn des Vertriebsmeetings: Maier hat die Präsentation weder gemailt noch auf CD vorbeigebracht. Also ruft der Chef Maier an. «Der Herr Maier? Ach, das tut mir leid, der ist schon unterwegs zum Kundentermin!», säuselt da der ihn vertretende Kollege ins Telefon. Und weil der Chef ja ein so verständnisvoller, weichherziger Chef ist und ein ganz aufgeklärter noch dazu, denkt er sich: «Na ja, das ist ja schon irgendwie doof. Aber der Maier hat sicherlich zu viel zu tun und außerdem hat er es auch zu Hause so schwer im Moment. Pubertierende Söhne sind nun mal schwer zu ertragen. Da ist es schon in Ordnung, wenn ich eine Ausnahme mache und die Präsentation noch schnell selbst vorbereite, bevor das Meeting losgeht. Ich bin ja auch der Chef, und deswegen muss ich schon selbst die Verantwortung für solche Dinge tragen.» Also macht er sich an die Arbeit, schließlich soll die Präsentation sitzen. Und als Maier von seinem Kundentermin zurückkommt, findet er weder eine Nachricht des Chefs im Posteingang seines Mail-Accounts noch auf seiner Voice-Mail-Box. Auch in seinem Kalender ist kein Besprechungstermin mit dem Chef eingetragen. Der Chef kuschelt nämlich lieber, als dass er Maier zur Rede stellt.

Hören Sie sie quietschen, die rostigen Angeln einer sich langsam öffnenden Tür? Es ist die Tür in den Untergrund, die da aufgeht. Und wer hat sie aufgemacht? Genau. Der Chef. Er lädt durch sein Verhalten Maier förmlich dazu ein, durch diese Tür hindurch den Weg in den Untergrund zu gehen und von dort aus einen Guerillakampf zu starten. Denn durch sein kuscheliges Verhalten hat er ein ganz bestimmtes Signal, eine Botschaft an Maier gesendet. Und Maier hat diese Botschaft verstanden: «Oha. An meinen Arbeitsergebnissen kann er ja nicht sonderlich interessiert gewesen sein, mein feiner Herr Chef, wenn er noch nicht einmal meckert, dass ich sie nicht geliefert habe. Umso besser: Dann kann ich seine absurden Anweisungen in Zukunft ja getrost ignorieren und komme endlich mal dazu, in Ruhe meine Arbeit zu machen.»

Maier hat also verstanden, wie der Hase läuft. Und verweigert ab sofort den Dienst. Wenn er überhaupt noch Arbeitsergebnisse abliefert, dann allerhöchstens in lausiger Qualität. Zu Terminen erscheint er nur noch auf den letzten Drücker. Immer, wenn irgendwelche wichtigen Meetings stattfinden, ist er im Urlaub, krankgeschrieben oder hat gerade einen unglaublich wichtigen Kundentermin, von dem keiner weiß, ob er wirklich so wichtig ist. Der Chef hat langsam den Überblick verloren, was da läuft und wer Maier eigentlich ist:

schützenswerter Freund – weil überlastet und mit einem pubertie-
renden Sohn gestraft – oder zu bekriegender Feind. Guerilla eben.
Da weiß man auch nicht mehr, wer zu wem gehört.

Häuserkampf mit maulenden Mitarbeitern

Eines Tages übertreibt es der Maier allerdings. Als der Chef mal wieder mit einem Arbeitsauftrag vor ihm steht, sagt er doch glatt: «Dafür
werde ich nicht bezahlt, Chef, das wissen Sie selbst doch am besten!»
Da platzt dem Chef endlich mal der Kragen. Da wird er so richtig
emotional, der Oberkuschler: «Hören Sie mal,
Maier, es reicht mir jetzt langsam. Wenn Sie Zoff
wollen – wunderbar. Den können Sie haben! Ab
Montag übernehmen Sie noch zusätzlich die Eltern-
zeitvertretung des Kollegen Schmidt! Und Freitag
nächste Woche will ich Sie mit einem 1-A-Wochen-
report in meinem Büro sehen!»

*Ein Guerillakrieg
entbrennt spätes-
tens dann, wenn
Verbündete
gefunden sind.*

Maier zieht sich nach dieser Ansage in sein Büro zurück. Dort
warten mitleidige Kollegen auf ihn. Er jammert ihnen was vor. Eigentlich haben sie nur darauf gewartet. Jetzt solidarisieren sie sich
mit ihm. Maier hat endlich Verbündete. Die springen auf den Zug
auf und beschweren sich kollektiv beim Chef: «Wir müssen zu viel
arbeiten! Wir schaffen das nicht mehr! Wenn das nicht weniger wird,
können wir den Kongress nächste Woche abblasen! Wir brauchen
hier mehr Leute!» Die klagenden Kollegen reichen Maier aber noch
nicht. Er will mehr.

In der darauffolgenden Woche trifft er den Vorgesetzten seines
Chefs zufällig in der Kantine, den Bereichsleiter. Irgendwie schafft er
es, sich direkt hinter ihn in die Schlange an der Kasse einzureihen
und ihn in ein Gespräch zu verwickeln, sodass sie sich dann gemeinsam einen Platz an einem der Tische suchen. Maier klagt dem Bereichsleiter sein Leid. Er macht das so geschickt, dass der Bereichsleiter ihm schließlich verspricht, bei seinem Chef ein gutes Wort für ihn
einzulegen.

Und Maier macht noch etwas: Er berät seine Kunden schlampig. Einem hat er letzte Woche ein Produkt empfohlen, von dem er genau wusste, dass es nicht dem entspricht, was der Kunde eigentlich verlangt hat. Der Kunde ruft empört an – und Maier heult ihm etwas vor. Beschreibt ihm ausführlich und in den dunkelsten Farben, unter welcher Belastung er steht, dass er zwei Jobs machen muss und sowieso bald nicht mehr kann, und überhaupt, wenn der Kunde sich beschweren wolle, dann könne er das ja gerne bei seinem Chef tun. Was der Kunde dann auch wie bestellt ausführt. Merke: Der Guerillakrieg entbrennt spätestens dann, wenn Verbündete gefunden sind. Dann können die Lkw-Konvois angegriffen werden und die Granaten fliegen.

Und das alles, weil ein Chef auf Kuschelkurs vergessen hat, warum es so wichtig ist, konsequent zu sein. Konsequent wäre es hier gewesen, Maier direkt beim ersten Vorfall in die Pflicht zu nehmen. Stattdessen hat der kuschelbedürftige Chef das Verhalten des Mitarbeiters vor sich selbst entschuldigt und sich dessen Verantwortung aufgebürdet. Eine möglicherweise etwas unangenehme Unterredung ließ sich so verhindern. Aber auf lange Sicht wurde ein Krieg daraus. Und das ist es, was der Kuschelkurs einbringt. Er entzieht dem sozialen System am Arbeitsplatz förmlich die Nahrung, die Existenzgrundlage, denn der Mitarbeiter bekommt nicht mehr die Aufmerksamkeit, die er eigentlich verdient hat. Dieses Signal hat Maier nämlich sehr deutlich empfangen: Der Chef nimmt einfach so hin, was ich hier unterlasse, also interessiert er sich nicht für die Ergebnisse.

Die Inkonsequenz der Führungskraft löst letzten Endes genau das aus, was sie verhindern soll: einen Krieg. Einen Guerillakrieg. Und dieser Krieg bündelt so viele schlechte Kräfte und verschwendet so viele positive Ressourcen, dass ein Chef seinen strategischen Führungsaufgaben nicht mehr nachkommen kann: So sehr ist er in einen Häuserkampf verwickelt, so sehr verzettelt er sich, weil er sich permanent mit maulenden Mitarbeitern herumärgern oder deren Fehler wieder ausbügeln muss. Er verliert den Blick fürs Ganze. Und das ist tödlich für eine Führungskraft. Die Devise lautet also: Wehret den Anfängen! Wenn ein Mitarbeiter seinen Aufgaben oder den Anweisungen des Chefs nicht nachkommt, muss das sofort angesprochen werden. Hier und jetzt! Ausgekuschelt! Sonst denken die Mitarbeiter: «Eh egal, was ich hier mache. Interessiert doch sowieso keinen! Dann kann ich es auch lassen.» Wer hier als Führungskraft nicht sofort einschreitet, stößt sie einladend auf, die Tür in den Untergrund. Und gibt dem Mitarbeiter sogar noch einen prall gefüllten Picknickkorb mit auf den Weg, damit er nicht etwa wegen eines kleinen Hüngerchens umkehren muss.

Rosa Herzchen

Ein Guerillakrieg am Arbeitsplatz erschöpft sich natürlich nicht darin, Verbündete zu akquirieren, ab und zu eine Präsentation liegen zu lassen und ansonsten dem Chef einen vorzuheulen. Das ist erst der Anfang – die Guerilleros rotten sich zusammen und laufen sich ein bisschen warm. Dann aber geht es los. Es folgt die destruktive Phase. Jetzt werden Waffen beschafft, Anschläge verübt. Jetzt wird der Tod billigend in Kauf genommen.

In den Büroetagen kann das so aussehen: Es ist wieder mal ein Meeting mit der Geschäftsführung und dem Vorstand angesetzt. Der Chef hat dieses Mal wohlweislich nicht Maier beauftragt, die Präsentation für das Meeting zu aktualisieren, sondern den Kollegen Müller. Dem traut er noch. Der ist noch sein Freund – nimmt er jedenfalls an. Obwohl – ein *Sein Gefühl hat ihn nicht getrogen: Er kann keinem trauen.* bisschen misstrauisch wurde der Chef schon gestern Abend, als Müller ihm sagte, dass noch wichtige Zahlen für die Präsentation fehlen, er sie aber noch bekomme und ihm direkt ins Meeting bringen wolle. Nun ja, denkt sich der Chef, das wird schon schiefgehen, und rückt sich vor dem Spiegel zum zwölften Mal die Krawatte zurecht, denn gleich geht es los, das Meeting. Als er den Sitzungsraum betritt, sind alle schon da – nur Müller nicht. Der Chef wird langsam nervös. Schweißperlen erscheinen auf seiner Stirn. Er schiebt seine Unterlagen von links nach rechts und wieder zurück, schaut alle zehn Sekunden auf die Uhr. Wo bleibt der Müller bloß? Da erhebt sich auch schon der Vorstand und eröffnet die Sitzung. Er ist kein Freund vieler Worte. Eine kurze Begrüßung, Vorstellung der Tagesordnung, auch die Überleitung zur Präsentation des Chefs ist schon fast beendet – da öffnet Müller schwungvoll und gut gelaunt die Tür. Er wirft seinem Chef einen USB-Stick zu: «Hier, die Präsentation!» Der Vorstand zieht verwundert eine Augenbraue hoch. Hat der Chef etwa seine Leute nicht im Griff? Dem ist das alles selten peinlich, er schiebt mit zitternden Fingern den Stick in den dafür vorgesehenen Anschluss seines Laptops.

Die Präsentation startet. Der Chef kennt sie im Schlaf, hat sie auch schon oft genug gehalten, Müller sollte ja nur ein paar Zahlen aktualisieren und das Layout noch ein bisschen aufmöbeln. Er legt also los, schaut gar nicht erst auf die Leinwand, sondern nimmt sein Publikum ins Visier. Und sieht auf einmal ungläubige Gesichter. Mehr als ein Sitzungsteilnehmer kann sich das Lachen kaum verkneifen. Er folgt den Blicken. Und sieht auf der Leinwand seine Präsentation. Sicher, das Layout ist neu gestaltet – aber Müller hat die Aufzählungszeichen durch kleine Herzchen ersetzt. Die Schrift ist jetzt rosa. Die versprochenen Zahlen fehlen. Das Dokument strotzt nur so vor Tippfehlern. Dem Chef wird schwindlig. Den Vorstand schaut er gar nicht erst an. Er murmelt etwas von «Dateiversionen vertauscht», schaltet den Beamer aus und schafft es irgendwie, die Präsentation nur mündlich vorzutragen. Also hat ihn sein Gefühl doch nicht getrogen: Er kann keinem trauen. Was war nur auf einmal los in dem Laden? Sie hatten sich doch alle so gut verstanden, es hatte doch eine so angenehme und kuschelige Atmosphäre geherrscht in ihrem Team!

Später in der Kantine nimmt ihn einer der Geschäftsführer zur Seite. «Sag mal, was ist denn bei dir in der Abteilung los? Es geht ja schon länger das Gerücht rum, dass dir einer eins auswischen will. Es passieren bei dir ständig irgendwelche schrägen Aktionen. Aber das Ding von heute – das geht wirklich zu weit!»

Chef, für Sie, die Drogenberatung ist dran!
Recht hat er, der Herr Geschäftsführer. Das, was der Müller sich da geleistet hat, trägt einen Namen: Sabotage. Davon gibt es noch andere hübsche Varianten. Die Jobguerilla hat einiges auf Lager: Da verschwindet Werkzeug oder Hardware, da werden Kundenunterlagen in den Schredder gesteckt, wichtige Termine einfach aus dem Kalender des Kollegen gelöscht oder Briefe erst gar nicht ausgeliefert. Und das Auto, das auf dem Parkplatz steht, hat auf einmal platte Reifen und so hässliche, offenbar von einem Schlüssel verursachte Kratzer ringsum!

Ganz perfide ist, wer seinen Vorgesetzten anlässlich eines 360-Grad-Feedbacks so richtig schön auflaufen lässt. Diese Leistungsbeurteilung lädt förmlich dazu ein. Kein Wunder, dass sie bei Chefs nicht gerade beliebt ist. Und das Allerbeste daran: Das Ganze passiert anonym! Da fällt ein Kuschelchef erst recht aus allen Wolken, denn eigentlich hat er ja mit Lobeshymnen gerechnet. Er ist doch immer so verständnisvoll, und im Grunde haben sich auch alle lieb, oder etwa nicht? Weit gefehlt. «Gib's ihm», heißt die Devise der Guerilleros. Und wenn die Beurteilung nur schlecht genug ist, wird sich der Chef nicht mehr lange auf seinem Sessel halten können, das dürfen Sie mir glauben!

Weil Gewalt ja bekanntlich Gegengewalt hervorruft und der Chef auf Kuschelkurs es versäumt hat, gleich von Beginn an konsequent gegen Maier, Müller und Konsorten einzuschreiten, steigt er natürlich munter ein auf diesen Guerilakrieg. Er nimmt den Kampf auf und bringt seine Truppen in Stellung: Als Erstes entzieht er Müller den Anspruch auf einen Parkplatz in der Tiefgarage. Rosa Herzchen in der Vorstandspräsentation! Unverschämt! Soll er mit seinem Wagen doch jeden Morgen

Wenn der Kapitän nicht an Bord ist, gewinnt kein Schiff an Fahrt.

drei Runden um den Block fahren, bevor er einen Stellplatz gefunden hat! Und dem Maier entzieht er den Dienstwagen gleich ganz. Kundentermine macht der in den nächsten zwölf Monaten sowieso nicht mehr, dafür hat er nebenbei gesorgt, also braucht er keinen Dienstwagen. Und erst recht keinen Parkplatz.

Müller und Maier lassen sich da aber gar nicht lumpen und noch weniger ins Bockshorn jagen. Für die nächste Vorstandssitzung ist ihnen schon etwas Neues eingefallen: Mitten in die Sitzung hinein platzt da Meier und legt seinem Chef ein großes Blatt auf den Tisch, auf dem in großen, weithin sichtbaren Lettern steht, dass er doch bitte dringend die Drogenberatung der Stadt anrufen möge. Es gehe um seinen Sohn.

Da reicht's dem Chef aber nun wirklich. Noch am selben Tag engagiert er einen externen Berater. Bei dem ordert er Persönlichkeitstests für seine Mitarbeiter. Und gibt dem Berater aber gleichzeitig die Order: Finde alle, die bei diesem fiesen Spiel mitmachen! Ich will eine Liste mit Namen! Die mach ich fertig! Doch dann überlegt er es sich anders: Eine Teamentwicklung soll es sein, die der Berater durchführen soll. Schließlich läuft bei seinen Mitarbeitern ja was schief, sonst würden die sich alle nicht so aufführen und schon gar nicht gleichzeitig, oder? Also eine Teamentwicklung. Tolle Idee. Und das Beste an dieser Idee: Er selbst muss ja gar nicht mitmachen. Schließlich ist er ja der Boss. Und der ist dazu da, die anderen anzutreiben und nicht, um selbst mitzumischen. Der Chef denkt sich: Sollen die doch mal schön weiterrudern in ihrem Schiff mit Schlagseite, ich steige da lieber um in den Helikopter, von da oben habe ich einen guten Blick auf das Ganze, kann es mir von vorne und von hinten ansehen und meinen Mitarbeitern außerdem noch zurufen: schneller, schneller, schneller! Wollen wir doch mal sehen, ob die nicht wieder auf Kurs kommen!

Was er allerdings vergessen hat, der kuschelige Chef in den Niederungen des Kleinkriegs, ist Folgendes: Wenn der Kapitän nicht an Bord ist, gewinnt kein Schiff an Fahrt. Es wird auch nicht wieder auf den richtigen Kurs kommen. Es wird einfach weiter dahindümpeln. Aber wenn der Chef nichts Besseres zu tun hat, als sich von Bord zu machen, weil er lieber kuschelt anstatt den Kurs anzusagen – bitte sehr. Die Quittung kommt beinahe postwendend: Nach der recht wirkungslosen Teamentwicklung – zwei Tage im 5-Sterne-Hotel inklusive Wellness-Pipapo, auf Firmenkosten, versteht sich – setzen Maier, Müller und Konsorten ihre Sabotagespielchen munter fort. Denn der Guerillakrieg mit dem Chef hat mittlerweile ein Stadium erreicht, in dem nur noch die Flucht nach vorn möglich ist. Eine Grenze ist überschritten.

Zurückgehen? Nie im Leben!

Maier und Müller feuern jetzt aus allen Rohren. Als Erstes marschieren sie zum Vorstand. Sie sagen ihm in aller Deutlichkeit, was für eine Niete der Chef ist. Dass er weder seinen Laden im Griff noch seine Zahlen unter Kontrolle habe. Und außerdem einen eindeutigen Hang zum niederen Personal in Gestalt der blonden Marketing-Praktikantin. Mit der sei er übrigens nach der letzten Weihnachtsfeier gemeinsam verschwunden, obwohl er sich bemüht habe, damit das nicht auffalle. An die Feier erinnere sich der Vorstand doch noch, oder? Das nette Hotel auf dem Land sei ja ein echter Glücksgriff gewesen und das Essen eine Wucht! Und hier habe man dem Vorstand praktischerweise eine Kopie der Hotelrechnung mitgebracht, die der Chef auf der Spesenabrechnung geltend gemacht hat. Für eine Übernachtung in just diesem Hotel an just diesem Tag der Weihnachtsfeier. Dabei habe er sich außergewöhnlich früh verabschiedet, mit dem Hinweis, dass er nach Hause fahren müsse, da seine Frau krank sei. Kurz darauf sei die blonde Marketing-Praktikantin ebenfalls verschwunden ... ob er, der Vorstand, noch Fragen habe?

Der Maier macht auch vor dem privaten Umfeld des Chefs nicht mehr Halt. Als er neulich zufällig die Frau des Chefs beim Musikschulkonzert ihrer Sprösslinge traf und sie eine Bemerkung über die häufigen Dienstreisen ihres Mannes machte, da war er sich nicht zu schade, zu fragen: «Dienstreisen? Welche Dienstreisen? Die letzte ist doch schon über ein Jahr her!?» Dem Maier ist langsam alles egal. Seine Arbeit ordentlich zu verrichten, pünktlich zu Terminen zu erscheinen, Ergebnisse in der gewohnten Qualität abzuliefern – das interessiert ihn schon lange nicht mehr. Er steckt all seine Energien und Ressourcen in den Guerillakrieg. Den will er gewinnen. Koste es, was es wolle. Koste es seinen Job. Egal. Er will bis zum Ende gehen. Denn das macht ein echter Guerillakämpfer. Ein Zurück gibt es nicht mehr. Ein Guerillero geht den Weg zu Ende. Er löscht sich selbst aus, wenn es sein muss.

Wie das Ende für Büroguerilleros aussieht, können Sie sich aussuchen. Der eine kündigt. Der andere lässt sich wegen Fehlverhaltens ungerührt rausschmeißen. Und es gibt Guerilleros, die ihr Unternehmen mit in den Abgrund reißen, sprich: dessen Image gezielt schädigen oder es gar in die Insolvenz treiben. Das geht doch gar nicht, denken Sie? Dann haben Sie wohl noch nie etwas von gewissen «Transferleistungen» gehört, die sich Mitarbeiter noch überwiesen haben, kurz bevor sie das Unternehmen verlassen haben? Sind sie erst einmal weg, ist der Verursacher nicht mehr ohne Weiteres festzustellen. Auch der massive Datenklau und vor allem -verkauf ist in solchen Situationen beliebt und wird gerne und oft praktiziert – und auch der dient selten dem Wohl des Unternehmens. Schlagzeilenträchtige Meldungen gibt es hier genug: So infizierte beispielsweise ein gefeuerter Systemadministrator das unternehmensinterne Datennetz mit 11 000 Viren. Ein entlassener Mitarbeiter eines großen Automobilkonzerns machte seine Kenntnisse über geheime Konten seines Arbeitgebers öffentlich, der daraufhin Steuernachzahlungen im dreistelligen Millionenbereich leisten musste. Wer so etwas tut, der hat den Punkt verpasst, an dem er noch hätte umkehren können. Der Weg zurück ist aus seiner subjektiven Sicht komplett verbaut. Es gibt nur noch einen Weg: nach vorne, ins Verderben, den Sprengstoffgürtel umgeschnallt.

Ich krieg dich!

Was hätte der Chef eigentlich tun können, um diesen Guerillakrieg zu verhindern, der da über die Büroflure tobte? Die Antwort ist sehr einfach, und sie lautet, ich habe es an anderer Stelle schon gesagt: Wehret den Anfängen. In dem Moment, in dem ein Mitarbeiter seine Aufgabe nicht erfüllt, darf eine Führungskraft nicht verständnisvoll sein und darauf bauen, dass das nur ein kleiner Zwischenfall war, sondern sie muss den Mitarbeiter mit seiner Fehlleistung konfrontieren. Wenn die Führungskraft das unmittelbar tut, hat das einen sehr großen Vorteil: Der Konflikt bewegt sich auf einer Sachebene. Er ist noch nicht emotional besetzt. Die Hürde, die es zu überspringen gilt, ist noch nicht sehr hoch.

Wer in einer solchen Situation mit dem Mitarbeiter spricht – wenn das erste Mal etwas schiefläuft –, gibt ihm gleichzeitig das Signal: Ich schaue mir genau an, was du da tust! Es entgeht mir nichts! Ich kann dich jederzeit erwischen! Und ich lasse dich nicht in den Untergrund! Du kannst dich nicht verstecken! Dazu gehört auch, dass sich eine Führungskraft beispielsweise die Termine anschaut, die ein Mitarbeiter in seinem Kalender eingetragen hat – über firmeninterne Netzwerke ist das ja möglich – oder auch die Projekte prüft, die ein Mitarbeiter gerade betreut. Das Signal muss klar sein: Der Mitarbeiter hat keine Chance, aus dem Hinterhalt heraus zu agieren.

Aber als Chef muss man doch blind vertrauen? Das hört und liest man doch überall: Vertrauen führt! Und nicht Kontrolle! Darüber sind wir doch schon längst hinaus! Jetzt mal im Ernst. Haben Sie sich als Führungskraft schon jemals richtig gut dabei gefühlt, wenn Sie Ihren Mitarbeitern blind vertrauen? Eben. Ein gesundes Misstrauen – hat noch niemandem geschadet, hätte ich fast geschrieben, aber ich meine es ein bisschen anders. Die Frage lautet ja nicht – und das ist eine unbequeme Wahrheit: Wie können Sie als Führungskraft Ihren Mitarbeitern vertrauen, sondern: Wie bekommt ein Mitarbeiter das Vertrauen seines Chefs? Darum geht es. Darum sollte es immer gehen. Viele Führungskräfte haben das nicht auf dem Schirm. Sondern denken, sie müssten um das Vertrauen ihrer Mitarbeiter buhlen, indem sie kuscheln, was das Zeug hält.

Damit Vertrauen entstehen kann, bedarf es zweier Voraussetzungen. Erstens: verbindliche Absprachen, und zwar zwischen Mitarbeiter und Chef, zum Beispiel «Alles klar, Chef, morgen früh haben Sie die Präsentation auf dem Tisch!» Zweitens: Verlässlichkeit. Ja, genau, diese altmodische Tugend, die sehr stark mit Pflichtbewusstsein zu tun hat. Absprachen müssen eingehalten werden. Die Präsentation muss am nächsten Morgen auf dem Tisch des Chefs liegen. Sonst wird das nichts mit dem Vertrauen. Dieses Vertrauen hängt also erheblich davon ab, was man als Führungskraft bei seinem Mitarbeiter beobachten kann. Sendet ein Mitarbeiter das Signal aus, dass er vertrauenswürdig ist – weil er verbindliche Absprachen verlässlich einhält –, dann ist alles gut. Signalisiert er durch sein Verhalten oder sein Nichtverhalten, dass er eben nicht vertrauenswürdig ist, dann muss man als Chef entsprechend einschreiten. Kuschelkurs? Vergessen Sie's. Der nützt in solchen Fällen rein gar nichts. Er führt nur zu Krieg. Zu Guerillakrieg. Fordern Sie von Ihren Mitarbeitern das, was deren Job ist. Punkt. In Kapitel 7 können Sie lesen, wie das genau funktioniert.

Das 3-V-Prinzip der Führung: Verbindlichkeit, Verlässlichkeit, Vertrauen.

Faire Führung

Wenn aber nun der Guerillakrieg schon läuft, wenn die ersten Schüsse gefallen sind, die ersten Lkw-Konvois angegriffen wurden – was dann? Chefs, die gelernt haben, dass Kuscheln nichts bringt, die greifen dann ein, wenn sich gewisse Anzeichen mehren, beispielsweise: Kundenbeschwerden, Qualitätsmängel, persönliche Angriffe vor versammelter Mannschaft. Sie gehen diesen Dingen auf den Grund, recherchieren, wer nun wirklich verantwortlich ist für die Qualitätsmängel. Und sie sprechen das Problem an. Das wäre die subtile Ebene, denn diese Strategie bleibt auf der Ebene des sachlichen Konflikts, auf der Ebene des Problems. Chefs könnten hier aber auch in die Offensive gehen – natürlich erst, nachdem sie ihren Mitarbeiter lange genug beobachtet haben und auch belegen können, dass er sich auf dem Guerillapfad befindet. «Ich merke das, ich beobachte dich und ich habe Beweise!» – das wäre dann die Botschaft an ihren Mitarbeiter. Die letzte Möglichkeit: den Mitarbeiter entmachten. Degradieren. Feuern.

Das Ende des Kuschelkurses läuten Sie immer ein, indem Sie signalisieren, dass Sie Dinge nicht einfach so hinnehmen. Indem Sie kein (falsches) Verständnis zeigen. Indem Sie reagieren. Indem Sie die Initiative ergreifen. Sie wissen jetzt, was passiert, wenn Sie es nicht tun. Die Guerilla wird sich formieren. Es wird gewisse Vorfälle geben, die man noch als Missgeschick interpretieren könnte. Es wird Zwischenfälle geben, hinter denen Sie ein System vermuten. Die Guerilleros werden sich Verbündete suchen. Sie werden nicht mehr wissen, wer Freund und wer Feind ist. Sie werden an Ihren wundesten Punkten getroffen. Sie werden ebenfalls in den Krieg einsteigen und Ihre Energien damit verschwenden. Sie werden den Überblick verlieren. Wenn Sie also die Dinge einfach laufen lassen, wenn Sie nicht reagieren auf das, was Ihre Mitarbeiter Ihnen so servieren, dann bleiben Sie in der Komfortzone. Und da gehören Sie nicht hin! Schließlich sind Sie der Boss in Ihrem Laden!

Was ist eigentlich an dieser Komfortzone so toll? Warum reden sich so viele Chefs das Fehlverhalten ihrer Mitarbeiter schön und schieben dem nicht einen entsprechenden Riegel vor? Das frage ich mich immer wieder, wenn ich im Rahmen meiner Beratungen und Coachings an Führungskräfte gerate, die sich mit Händen und Füßen wehren, gewisse Wahrheiten anzuerkennen, die ihren Businessalltag bestimmen. Ich denke, dass viele Chefs gerne sozial kompetent, milde, verständnisvoll und vertrauensvoll wären. Und wenn sie einen Mitarbeiter nach dem ersten kleinen Fehltritt schon in den Senkel stellen, erleben sie ihr Verhalten als eine unangemessen harte Reaktion. Sie fühlen sich dann schlecht. Sie wollen nicht autoritär sein. Und erst recht nicht pingelig. Und schon sind sie mittendrin im schönsten Wertekonflikt. Sie haben Angst, dass das eigene positive Selbstbild angekratzt wird. Deshalb kuscheln sie lieber weiter, als dass sie sich ihrer Angst stellen. Sie tun dies aus Selbstschutz. Alles, was sie tun oder nicht tun, tun sie für sich. Nicht für die Mitarbeiter! Sie wollen ihnen nicht irgendwelche unangenehmen Situationen ersparen! Und sie kuscheln auch nicht im Unternehmensinteresse. Chefs kuscheln einzig und allein, weil sie sich den Blick in die eigenen Abgründe ersparen wollen und mit ihrer Selbstreflexion noch nicht so weit sind.

Unternehmerisch betrachtet, ist der Kuschelkurs eine Katastrophe.

Bei aller Selbstreflexion – Chefs sollten die zentrale Frage nie vergessen: Wer hat das Fehlverhalten des Mitarbeiters zu vertreten? Natürlich der Mitarbeiter selbst, denn es ist *sein* Verhalten und dafür kann nur er verantwortlich sein! Und die wichtigste Aufgabe einer Führungskraft in einem solchen Moment ist es, dies dem Mitarbeiter zurückzumelden. Denn nur so hat der Mitarbeiter die Chance, sein Verhalten zu verändern. Das ist Fairness im Führungsalltag.

Betrachtet man diesen Kuschelkurs aus unternehmerischer Sicht, erkennt man schnell die Katastrophe. Wer seinen Mitarbeitern nicht die Chance gibt, sich weiterzuentwickeln – indem er beispielsweise Qualität einfordert und deren Einhaltung auch kontrolliert; wer seinen Mitarbeitern nicht die Chance gibt, Fehler auszumerzen; wer das Unternehmen dazu missbraucht, dass er selbst in der Kuschelzone bleiben kann, und wer nicht dafür sorgt, dass seine Mitarbeiter oder sein Team die Leistungen, die für das Unternehmen erbracht werden müssen, auch tatsächlich erbracht werden: Der ist als Führungskraft nicht tragbar. Der richtet nämlich Schaden an. Der wird seiner Schutzfunktion nicht mehr gerecht, die er hat – sowohl für die Mitarbeiter als auch für das Unternehmen. Eine solche Führungskraft gehört entmachtet.

Kapitel 4   **Von hoch qualifizierten Mitarbeitern ohne Eigenantrieb muss man sich trennen**

Warum unmotivierte High Potentials die schlechtesten Mitarbeiter sind

Kennen Sie auch so einen – so einen flotten Herrn Doktor, der frisch promoviert in ein Unternehmen eintritt und denkt, dass er jetzt allen mal so richtig zeigen kann, wo der Hammer hängt? Nein? Das sei doch ein Klischee, meinen Sie? Weit gefehlt. Ich habe vor ein paar Monaten gleich zwei Exemplare dieser entzückenden Art kennengelernt. Und weil ich Ihnen diese Erfahrung nicht vorenthalten will, mache ich aus den beiden Doktoren einen und stelle Ihnen diese Figur als Paradebeispiel einmal vor.

Lorbeeren für den Herrn Doktor!

Es ist ein ganz normaler Morgen, mitten in der Woche. Herr Dr. Geiger steht im Seidenpyjama in seiner schicken Eigentumswohnung in einer nicht minder schicken Designerküche und lässt sich gerade eine Latte macchiato aus seiner Edelkaffeemaschine. Das Loft in bester Innenstadtlage hat er von seinem Vater zur Promotion geschenkt bekommen. Das wurde aber auch Zeit – hatte er sich damals gedacht, als sein Vater ihm die Schlüssel überreichte. Schließlich hatte er den Doktor auch deshalb gemacht, weil seinem Vater die Fortsetzung der Familientradition so wichtig gewesen war. Promovierte Akademiker in fünfter Generation wies der Stammbaum dank seines Einsatzes nun auf! Da war es ja nur recht und billig, dass der Herr Papa ein bisschen was springen ließ.

Kernarbeitszeiten gelten schließlich nur für das Fußvolk!

Herr Dr. Geiger schlendert mit seiner Latte macchiato in der Hand hinüber ins Ankleidezimmer. Dort hat seine Haushälterin – wie hieß sie doch gleich? er konnte sich ihren Namen einfach nicht merken – ihm einen Anzug zurechtgelegt, den sie gestern aus der Reinigung geholt hat. Ein passendes Hemd, Manschettenknöpfe und eine Krawatte wählt Dr. Geiger selbst aus. Heute sind außerdem die rahmengenähten Schuhe aus edelstem Pferdeleder dran. Der Blick in den Spiegel zeigt ihm einen Herrn Doktor, der sich auch als Unternehmensvorstand gut machen würde – so befindet er und ist in Gedanken schon beim Mittagessen, zu dem er sich mit dem Vorstandsassistenten verabredet hat. Netzwerken ist schließlich wichtig heutzutage. Denn sonst kann man ja lange auf den Aufstieg warten.

Dr. Geiger steigt in den Aufzug, der ihn direkt in die Tiefgarage bringt. Dort schwingt er sich in seinen heiß geliebten Z4. Ein anderes Gefährt käme für ihn überhaupt nicht in Frage. Schließlich sollen alle sofort sehen, welch schnittiger, dynamischer und erfolgsverwöhnter Kerl er doch ist. In der Tiefgarage seines Unternehmens angekommen – dem Hauptsitz einer der größten Banken Österreichs –, steuert er den für ihn reservierten Parkplatz an. Das hat er sich bei seiner Einstellung ausbedungen, denn ein Herr Doktor sollte es nicht nötig haben, sich jeden Morgen einen Parkplatz suchen zu müssen, nicht wahr? Da war auch sein Chef einsichtig. Schließlich bereichert er dessen Abteilung, und vom Glanz seiner akademischen Leistung fällt ja eine ganze Menge für den Chef ab. Dafür konnte er sich ruhig mal ein bisschen aus dem Fenster lehnen und seinem High Potential einen Parkplatz organisieren. Auch wenn ihm das pro forma auf seiner Hierarchieebene gar nicht zusteht. Überhaupt ist sein Chef ganz in Ordnung. Der schaut ab und zu mal bei ihm im Büro vorbei und fragt, ob auch alles rund läuft. Ansonsten lässt er ihn in Ruhe. Zum Glück. Der hat wenigstens kapiert, dass er genügend kreativen Freiraum braucht, um sich seinen Themen gründlich und wissenschaftlich fundiert zu nähern.

Dr. Geiger verlässt die Tiefgarage und macht sich mit energischen Schritten auf den Weg in sein Büro. Dass es mittlerweile schon fast zehn Uhr ist, stört ihn nicht weiter. Die Kernarbeitszeiten gelten im Wesentlichen für das Fußvolk, aber doch nicht für ihn. Viel wichtiger ist: Er sieht wirklich schneidig aus – das registriert er, als er an der Spiegelglasfassade des Entrees vorbeieilt, und er streicht sich noch einmal durch die gegelten Haare. Als er am Empfang vorbeikommt, grüßt ihn die Mitarbeiterin mit einem munteren «Guten Morgen, Herr Doktor Geiger!» Er ignoriert diese freundliche Geste. Wo kommen wir denn da hin, wenn man alles grüßt, was einen so anspricht? – das hat er schon von seinem Vater gelernt. Von Bediensteten muss man sich so weit wie möglich abschotten. Am besten tut man so, als seien sie Luft. Sonst hat man ja gar keine Privatsphäre mehr!

In seinem Büro angekommen, widmet sich Herr Dr. Geiger erst einmal dem Projekt, das er gleich nach seiner Einstellung an Land gezogen hat, und führt einige Telefonate mit den wichtigsten Mitgliedern des Lenkungsausschusses. Er hatte bei diesem Projekt zwar ein bisschen seine Ellbogen einsetzen müssen, denn eigentlich war dessen Leitung dem Kollegen Klausner zugesagt worden. Aber der Klausner hat schließlich keinen Doktortitel, und einer der Stakeholder des Projekts ist eine Regierungsinstitution, die brauchen schon einen Gesprächspartner auf Augenhöhe – der er ja zweifellos ist. Also hatte er seinen Chef darauf festgenagelt, dass er das Projekt bekam. Wie gut, dass der Klausner qua Status dennoch verpflichtet ist, die niedere Projektarbeit zu verrichten. Also sitzt er nun brav tage- und wochenlang an seinem Rechner, dröselt Prozesse bis ins Detail auf, beschreibt sie und hackt die entsprechenden Dokumentationen in die Tastatur. Die Ausdrucke füllen einen Ordner nach dem anderen – der Ärmste, er konnte einem wirklich leidtun.

Nach den Telefonaten widmet sich Dr. Geiger nun dem, was ihm wirklich am Herzen liegt: seiner Dissertation. Sicher, es ist schon einige Zeit her, dass er sie abgeschlossen hat. Umso wichtiger ist es ja, dass sich auch seine Kollegen damit auseinandersetzen! Dr. Geiger druckt also noch schnell die Zusammenfassung der Hauptthesen aus, die er gestern überarbeitet hat, und eilt dann mit fliegender Seidenkrawatte zu seinen Kollegen ins Großraumbüro nach nebenan. Die haben zwar alle zu tun und keine rechte Ahnung von dem, was er da in jahrelanger Arbeit ausgebrütet hat, aber was soll's? Höchste Zeit, dass er sie erleuchtet und ihnen klarmacht, welch gelehrter Herr Doktor er doch ist. Dazu dient unter anderem die Fremdwortdichte pro gesprochene Minute Vortragstext, findet Herr Dr. Geiger, und legt los. Alle hören ihm wie gebannt zu – so interpretiert zumindest Dr. Geiger die versteinerten Mienen seiner Kollegen. Endlich mal einer, der sein Wissen mit ihnen teilt – sie müssten ihm richtig dankbar sein, denkt er sich und fühlt sich gleich noch ein bisschen großartiger.

Als diese Mission erfüllt ist, zieht Dr. Geiger frohen Mutes weiter ins Casino, denn inzwischen ist es Zeit für das Mittagessen mit dem Vorstandsassistenten. Insgeheim hofft er, dass der Vorstand selbst auch da sein wird und es wohlwollend bemerkt, dass sein Assistent mit ihm, dem neuen Hoffnungsträger des Bankhauses, zu Tisch sitzt. Vielleicht gesellt er sich ja zu ihnen. Da wäre er schon einen großen Schritt weiter in seiner Karriereplanung. Denn er hat nicht jahrelang studiert und dann auch noch promoviert, um jetzt auf mittlerer Ebene zu versauern. Es wird Zeit, dass mal etwas zurückkommt für die vielen Leistungen, die er schon erbracht hat in seinem Leben. Er hat viel zu lange auf all das verzichtet, was so wichtig ist: Geld, Karriere, Status. Jetzt will er erstens die Lorbeeren ernten, die ihm zustehen, und sich zweitens eine gehörige Weile auf ihnen ausruhen.

Unmotivierte High Potentials bieten einem Unternehmen das schlechteste Preis-Leistungs-Verhältnis.

71

Dr. Diva

Damit Sie mich nicht falsch verstehen: Ich habe nichts gegen promovierte Akademiker und Akademikerinnen. Ich bin selbst mit einer glücklich verheiratet. Ich habe auch nichts gegen High Potentials. Aber ich habe definitiv etwas gegen unmotivierte, promovierte High Potentials. Und der soeben – zugegebenermaßen etwas überzogen – porträtierte Dr. Geiger ist ein hochgradig unmotivierter High Potential. Er hat nämlich beschlossen, dass er in seinem Leben schon genug geleistet hat und dass ihm für diese Leistung jetzt eine Belohnung zusteht. Er will eine Gegenleistung. Und diese Gegenleistung soll sein Arbeitgeber erbringen: in Form eines hohen Gehalts, prestigeträchtiger Projekte, Kontakten zur Elite der Mächtigen.

Herr Dr. Geiger übersieht dabei einen wichtigen Punkt: High Potentials sind die Menschen, die das Bildungssystem des jeweiligen Staates am längsten genutzt und damit den Steuerzahler in der Regel viel Geld gekostet haben. Ihnen steht erst einmal überhaupt nichts zu. Wenn sie ihre Ausbildung abgeschlossen haben, sollten sie also der Gesellschaft etwas zurückgeben, und zwar schnell. Hier gilt das Prinzip des Tauschhandels: Leistung und Gegenleistung müssen ausgeglichen und in einer Balance sein.

Unmotivierte High Potentials wie Dr. Geiger bieten einem Unternehmen das schlechteste Preis-Leistungs-Verhältnis. Ja, Sie haben richtig gelesen. Dieses weichgespülte «Mitarbeiter sind unser größtes Kapital»-Getue – was soll das eigentlich? Solange ein Mitarbeiter nicht die Leistung bringt, für die er engagiert wurde und bezahlt wird, ist er die größte Katastrophe für ein Unternehmen, und sonst gar nichts! Wer auf Anweisungen seines Chefs antwortet: «Also, lieber Chef, davon fühle ich mich aber ziemlich unterfordert!», Kernarbeitszeiten missachtet, abends grundsätzlich früher geht, damit er rechtzeitig auf dem Golfplatz ist, und ansonsten den lieben langen Tag mit den Kollegen aus dem Dunstkreis des Vorstands klüngelt – der benimmt sich wie eine Diva, aber nicht wie ein motivierter High Potential mit Eigenantrieb. Einer mit Eigenantrieb verhielte sich nämlich gemäß dem Prinzip des Tauschhandels. Er wüsste, dass Leistung und Gegenleistung ausgeglichen sein müssen und dass er für sein Gehalt und seinen Status ein bisschen mehr tun muss, als Kollegen ungefragt zu belehren und ansonsten mit dem Vorstandsassistenten zu kuscheln.

Apropos kuscheln: Führungskräfte, die sich mit hochdekorierten Mitarbeitern schmücken, tun nichts anderes, als deren Diva-Gehabe Vorschub zu leisten. Das ist natürlich viel kuscheliger als unangenehme Gespräche zu führen, in denen sie Leistungen einfordern. Der Chef von Dr. Geiger ist so einer. Er plaudert gerne mit seinem neuen Mitarbeiter, denn der hat immer so interessante Dinge zu erzählen. Kein Wunder, er hat einen Doktortitel, das sind einfach immens schlaue Leute, nicht wahr? Und außerdem freut sich der Chef, dass es dem Dr. Geiger in seiner Abteildung so gut gefällt. Hoffentlich kann er ihn da noch lange halten, schließlich ist er der Einzige, in dessen Abteilung ein Doktor arbeitet. Das macht schon Eindruck bei den anderen Führungskräften.

«Ausgekuschelt!», möchte ich einer solchen Führungskraft am liebsten zurufen. Warum fragt sich dieser Chef um Himmels willen nicht, was er von Dr. Geiger eigentlich bekommt? Warum schaut er sich nicht die tatsächlich gemessene Leistung an? Warum zweifelt er nicht an den hohen Kosten, die der Möchtegern-High-Potential ihm da jeden Monat beschert? Warum zahlt er ihm weiterhin brav den alljährlichen Bonus aus? Sicher: Chefs auf Kuschelkurs sind recht schmerzfrei, das haben wir ja mittlerweile schon gelernt. Bei ihnen dauert es etwas länger, bis sie etwas merken. Deshalb heißt die Devise: aufwachen und hinschauen! Sobald ein High Potential gewisse Starallüren entwickelt – und ihm erteilte Aufträge oder Projekte für unter seiner Würde befindet, muss eine Führungskraft Leistung einfordern und damit die Basis der Zusammenarbeit wieder zurechtrücken.

Und noch einmal: Es geht hier um einen Tauschhandel. Man könnte in der Sprache von Dr. Geiger auch Synallagma sagen. Für alle Nichtpromovierten: Damit ist das Gegenseitigkeitsverhältnis zweier

Leistungen beim Vertrag gemeint – beispielsweise Rechte und Pflichten aus einem Arbeitsvertrag, die eingehalten werden müssen. «Do ut des» – ob der Herr Doktor diesen Satz kennt? Ich wage es zu bezweifeln. Er bedeutet: «Ich gebe, damit du gibst» – dieses Grundprinzip aus dem alten römischen Recht ist nicht nur eine Rechtsformel für gegenseitige Verträge, sondern auch ein Grundsatz sozialen Verhaltens. Und ein Mensch mit einem sozialen Verantwortungsbewusstsein weiß, dass er nicht einfach so jahrelang von öffentlichen Mitteln profitieren kann, ohne dafür eine Gegenleistung zu bringen – beispielsweise in Form von Engagement am Arbeitsplatz. Ein solcher Mensch weiß, dass er das seinem Chef und seinen Kollegen schuldig ist, selbst wenn die Anforderungen und Aufgaben nicht immer hundertprozentig dem entsprechen, was er sich so vorgestellt hat. Dennoch übernimmt er sie. Und noch viel mehr dazu. Er hat einen Eigenantrieb. Er ist sich selbst und seinen inneren Werten verpflichtet. Er ist intrinsisch motiviert.

Er merkt nicht einmal, dass er seine Kollegen verbal an die Wand klatscht!

Klatschende Kollegen

Übrigens: Dass ein High Potential unmotiviert ist, merkt man nicht nur daran, dass selbiger die Leistung verweigert. Fehlender Eigenantrieb kann sich auch darin äußern, dass einer weit übers Ziel hinausschießt. Wie das nun wieder gehen soll? Schauen wir noch einmal zu Herrn Dr. Geiger, der weiß nämlich, wie man das macht: Denn als er den Auftrag bekommt, ein neues Vertriebskonzept für die Bank zu entwickeln, da krempelt er so richtig die Ärmel hoch. Endlich mal eine kreative Aufgabe! Er vertieft sich in Studien, Auswertungen und Statistiken, recherchiert in Datenbanken und Bibliotheken und verheddert sich fast bei der Formatierung der 245 Fußnoten, die das achtzigseitige Konzept am Ende dann hat. Auf die Idee, dass er mal ein paar gestandene Praktiker in den einzelnen Bankfilialen hätte fragen können, was die von seinen hochtrabenden, akademischen Ideen halten, kommt er leider nicht. Dafür ergötzt er sich wieder an seinen geschliffenen, fremdwortlastigen Formulierungen – die er natürlich auch in seiner finalen Präsentation auswalzt. Dass er seine Kollegen damit verbal an die Wand klatscht, merkt er nicht einmal. Auch nicht, dass mehr als einer seiner Kollegen unter dem Tisch mit dem Blackberry hantiert und offensichtlich Wichtigeres zu tun hat als den Ausführungen des Herrn Doktor zu lauschen. Mit seiner Arbeit ist er eindeutig zu weit gegangen. Sein Auftrag war gewesen: Erstelle ein Vertriebskonzept. Und nicht: Schreibe eine Diplomarbeit über Vertriebskonzepte.

Leider wimmelt es in den Firmenzentralen von Zürich bis Wien, von München bis Genf und von Basel bis Hamburg nur so von Dr. Geigers. Dort treffen sie Fehlentscheidungen, weil sie zwar davon überzeugt sind, die Weisheit mit Löffeln gefressen zu haben, aber in Wahrheit über keinerlei Praxiswissen verfügen. In einem produzierenden Unternehmen bauen sie auch schon mal die neuesten Anlagen ein, ohne zu prüfen, ob sie in den Produktionsablauf passen. Sie drücken immer und jederzeit ihre Themen durch und kriegen vor lauter Geltungsdrang und Sendungsbewusstsein nicht mehr mit, dass sie mit ihren Einschätzungen komplett danebenliegen.

Wie gesagt: Tauschhandel. Darum geht es hier. Der muss funktionieren. Wenn ich dieses Stichwort in Coachings und Seminaren anspreche, reagieren viele Teilnehmer erst einmal mit Befremden. Tauschhandel am Arbeitsplatz? Ein solcher Denkansatz ist ihnen oft fremd. Verwunderlich ist das nicht, denn durch Tarifverträge in Deutschland, Gesamtarbeitsverträge in der Schweiz und Kollektivverträge in Österreich sind wir daran gewöhnt, dass die Höhe des Gehalts mit dem Alter bzw. der Berufserfahrung korreliert und nicht mit der Leistung. Sicherlich fördert auch das Angestelltendasein die innere Haltung oder den Anspruch, dass man ja immer sein Geld zu bekommen hat, egal, welchen Müll man eigentlich verzapft oder abliefert. Hauptsache, man ist anwesend. Selbstständige denken so nicht! Die wissen nämlich, dass ihnen ein Honorar nur dann zusteht, wenn sie anständige Arbeit abgeliefert haben.

Leistung und Leistungsstandards sind für viele Menschen immer noch ein Tabuthema und keines, mit dem sie sich gerne beschäftigen. Insbesondere für kuschelnde Führungskräfte, das beobachte ich immer wieder. Es ist natürlich viel netter, High Potentials um sich zu scharen, den weisen Mentor zu geben, gelehrt mit den Schützlingen zu plaudern oder sie auf dem Golfplatz unter die Fittiche zu nehmen. Mit Führung hat das allerdings nicht viel zu tun. Aber genau das ist Aufgabe eines Chefs! Kuscheln kann er nämlich zu Hause.

Neulich sprach ich mit so einer Führungskraft, die es sich eindeutig in einer Komfortzone gemütlich gemacht hatte. Sie erzählte mir, wie sie mit offensichtlich unmotivierten High Potentials umgeht, sprich: solchen, die ihre Aufgaben als unter ihrem Niveau empfinden. «Was machen Sie also mit denen?», fragte ich. Die Antwort kam prompt und ich dachte, ich höre nicht recht. Die Führungskraft versucht, die High Potentials auch noch zu motivieren! Stellen Sie sich das mal vor! Klar: Manager gleich Motivator. Dieser Glaubenssatz ist einfach nicht auszurotten. Ich gehöre zu denen, die diesem Satz schon längst abgeschworen haben. Mehr noch: Ich kann ihn wirklich nicht mehr hören.

Wie lange wollen Sie noch tatenlos zusehen, wie Ihr Mitarbeiter das Unternehmen und Sie ausnutzt?

Der Punkt ist: Wenn eine Führungskraft ihre Mitarbeiter motivieren muss, damit die ihren Job tun, dann läuft etwas schief. Dann ist nämlich auf einmal der Chef in der Verantwortung und in der Aktion. Und das darf nicht sein. Der Mitarbeiter muss agieren, denn schließlich hat er ein Problem verursacht – er bringt nicht die Leistung, für die er eingestellt wurde. Und deshalb muss der Mitarbeiter auch selbst die Verantwortung dafür tragen, dass er die erforderliche Leistung bringt. Nicht der Chef! Die Rolle des Chefs ist es, das Problem offenzulegen und den Mitarbeiter aufzufordern, dieses Problem – nämlich die herrschende Disbalance zwischen Leistung und Gegenleistung – zu lösen. Auch wenn dieser Mitarbeiter einen Doktortitel hat. Vollkommen egal. Davon lassen sich nur Kuschler einschüchtern, aber keine wirklichen Führungskräfte. Wer zu Recht Chef geworden ist, und die Komfortzone hinter sich gelassen hat, der weiß nämlich: Auch er selbst muss eine Balance herstellen und mit seinem Verhalten wirtschaftlichen Schaden vom Unternehmen abwenden. Und wer mit High Potentials nur kuschelt, anstatt Leistung von ihnen einzufordern, der schadet dem Unternehmen ganz eindeutig. «Ausgekuschelt!», heißt es deshalb, und das bedeutet: Leistung muss höher gewertet werden als der emotionale Nutzen, den der Abglanz eines High Potentials bieten mag. Ein Chef ist deswegen Chef, weil er trennen kann zwischen seinen emotionalen Bedürfnissen und dem, was sein Job ist, nämlich: Leistung seiner Mitarbeiter – seien sie nun hoch qualifiziert oder nicht – einzufordern. Und zwar klar und deutlich.

Freiwilliger Gehaltsverzicht – ganz ohne Gewerkschaft

Wenn das nun aber nicht klappt – was dann? Was tun, wenn Mitarbeiter es nicht von alleine schaffen, einen gewissen Eigenantrieb zu entwickeln und die geforderte Leistung zu bringen? Eine ziemlich radikale Möglichkeit wäre, ihnen einfach das Gehalt zu kürzen, ganz im Sinne des Tauschhandels: Wer weniger bringt, als vereinbart wurde, der bekommt auch weniger dafür. Fertig. Da stehe doch aber die Rechtsprechung eindeutig dagegen, meinen Sie? Das sagen meine Seminarteilnehmer an dieser Stelle auch immer. Was ich ihnen aber mit genauso schöner Regelmäßigkeit entgegne, ist dies: «Wie lange wollen Sie denn noch warten, bis die Disbalance wieder ausgeglichen ist? Wie lange wollen Sie noch tatenlos zusehen, wie Ihr Mitarbeiter das Unternehmen und Sie ausnutzt? Sie sind doch sich selbst und Ihrem Vorgesetzten Rechenschaft schuldig und Sie geben mehr Geld für Mitarbeiter aus, als Sie an Gegenleistung dafür bekommen! Wie lange können Sie das noch verantworten?» Daraufhin herrscht Schweigen.

So richtig fällt die Kinnlade den Teilnehmern aber erst dann runter, wenn ich sie frage: «Schon mal gehört, dass ein Mitarbeiter ohne

Weiteres auf zwanzig Prozent seines Gehaltes verzichten kann?» Und das kann er tatsächlich. Ich gehe sogar noch ein bisschen weiter: Es wäre ja durchaus denkbar, dass Herr Dr. Geiger eines Tages zu seinem Chef kommt und sagt: «Also, Chef, ich habe da gestern meine Gehaltsabrechnung bekommen und habe mir meine Gedanken dazu gemacht. Um ganz ehrlich zu sein: Ich glaube, dass das, was ich in den letzten Wochen hier geleistet habe, dieses Geld nicht wert war. Ich überweise Ihnen 20 Prozent zurück!» Das wäre doch eine schöne Welt, oder? Natürlich ist eine solche Reaktion alles andere als wahrscheinlich. Aber dennoch: Ein Mensch, der für sich klar hat, dass er für das, was er nimmt, auch eine Gegenleistung bringen muss, dass ein Tauschhandel vollzogen werden muss, der würde – wenn er ein bisschen Anstand hat – genau so damit umgehen. Eigentlich. Das hat etwas mit den Werten zu tun, die ein Mensch hat und lebt. Die leidige Diskussion über Managergehälter und Boni für 2008 angesichts der Finanz- und Wirtschaftskrise zeigte allerdings eindrücklich, wie es um die Werte der betreffenden Personen bestellt war. Auf den Bonus wurde erst verzichtet, nachdem Presse und Öffentlichkeit massiv Druck ausgeübt hatten. Das Gehalt erscheint auch bei miserabler Managementleistung unantastbar. Das ist verantwortungslos und schlicht gierig.

Um es noch an einem anderen Beispiel deutlich zu machen: Wenn Sie einen Handwerker bestellen, damit er Ihnen eine neue Garderobe einbaut, dabei aber nicht nur schlampig arbeitet, sondern auch noch dem Türrahmen ein paar ordentliche Macken verpasst, finden Sie es doch auch völlig normal, dass Sie ihm nicht das volle Honorar auszahlen, sondern etwas abziehen, oder? Vorausgesetzt natürlich, dass er den Schaden nach Aufforderung nicht behoben hat. Überall in der Businesswelt gelten diese ganz simplen betriebswirtschaftlichen Regeln: Weniger Leistung als vereinbart kostet weniger Geld als vereinbart. Nur im Umgang mit Mitarbeitern sollen sie nicht gelten?

Da haben wir ihn: den Unterschied zwischen Intelligenz und Lebensweisheit.

Dafür gibt es einfach keinen Grund! Wenn Sie dennoch einen kennen, freue ich mich über eine Nachricht.

Doktor an den Diagnosegeräten

Nun mal Spaß beiseite. Wenn auch ein Chef, der ausgekuschelt hat, es nicht schafft, seinen Herrn Dr. Geiger auf Trab zu bringen – indem er die Disbalance zwischen Leistung und Gegenleistung thematisiert und deren Abschaffung einfordert –, dann hat er immer noch die Möglichkeit, ein Lernfeld für den Herrn Doktor zu inszenieren. Das kann er tun, indem er ihn beispielsweise in eine Situation bringt, in der er wahlweise scheitert, endlich aufwacht, sich ein weiteres Mal entzieht – oder bestenfalls die Leistung bringt, die von ihm erwartet wird. Entzieht er sich («Also nein, Chef, für solche Aufgaben ist doch eigentlich Kollege Müller zuständig!»), lässt er sich krankschreiben oder Ähnliches, sprich: Verweigert er die Arbeit, dann sollte das der entscheidende Auslöser dafür sein, ihn aus dem Tauschhandel zu entlassen. Dann ist ein harter Schnitt angesagt. Denn es kann nicht sein, dass ein hoch qualifizierter Mitarbeiter nicht kapiert, dass er seinen Teil des Tauschhandels nicht erfüllt! Und selbst wenn er es partout nicht begreifen will – obwohl das intellektuell wahrlich keine Herausforderung ist –, dann beweist er damit nur eins: dass er zwar eine sehr gute formale Qualifikation besitzt, aber leider keinerlei menschliche Reife. Geschweige denn ein Wertesystem, denn das ist verkümmert bis nicht vorhanden. Und da haben wir ihn dann: den Unterschied zwischen Intelligenz und Lebensweisheit. Das ist natürlich eine herbe Enttäuschung für einen kuschelnden Chef, wenn er feststellen muss, dass sein Herr Doktor, der ach so intelligent daherschwafelnde High Potential seelisch und moralisch ein Krüppel ist!

Aber noch einmal zurück zu Herrn Dr. Geiger und seinem ganz persönlichen Lernfeld. Sie erinnern sich? Er hatte die Aufgabe bekommen, ein neues Vertriebskonzept für die Bank zu entwerfen. Nach seiner – in seinen eigenen Augen! – überwältigenden Performance bei der Präsentation wird es derweil dem Chef in seiner Komfortzone langsam ungemütlich. Der Chef nämlich ist ein gestandener Praktiker, der sein Handwerk von Grund auf gelernt hat, inklusive Ausbildung in einer der kleinstädtischen Filialen. Er weiß, wie der Hase läuft. Und er weiß auch, dass die Vertriebsmitarbeiter in den Filialen absolut nichts mit dem Konzept und den akademischen Ideen des Herrn Doktor anfangen können. Also beschließt der Chef, seine kuscheligen Anwandlungen hinter sich und Herrn Dr. Geiger die Suppe selbst auslöffeln zu lassen. Er ruft ihn zu sich ins Büro: «Also, Herr Doktor Geiger, ich muss schon sagen! Da haben Sie ja ein Meisterstück abgeliefert! Das ist eine ganz ausgezeichnete Ausarbeitung!» Der Herr Doktor nimmt diese Anerkennung huldvoll nickend und keine Miene verziehend entgegen: Schließlich steht sie ihm ja zu. Da fährt der Chef fort: «Dann machen Sie sich doch mal an die Umsetzung, lieber Herr Doktor Geiger! Zeigen Sie mal, was Sie auf dem Kasten haben und steigern Sie den Vertriebsumsatz um fünfzig Prozent! Erstellen Sie doch bitte zunächst einen Projektplan. Den würde ich dann gerne nächste Woche sehen! Und denken Sie dran: Am besten ist es, wenn Sie das Konzept auch mal dem Vertrieb vorstellen. Da bekommen Sie bestimmt wertvolle Anregungen!» Und er entlässt den Doktor mit einem freundlichen Kopfnicken.

Wer hat jetzt das Problem?

Der Herr Doktor kapiert natürlich nicht, dass er sich selbst vorführen wird. Er macht sich guter Dinge ans Werk. Und trommelt erst einmal die Vertriebmannschaft zusammen. Ihnen lässt er dann die Präsentation angedeihen, die auch schon bei seinen Kollegen so überzeugend angekommen war. Aber komisch. Dieses Mal läuft die Präsentation gar nicht gut. Seine Kollegen hatten noch andächtig gelauscht, doch hier – unter denen, die Kundenkontakt haben – macht sich Unmut breit. «Wie muss ich mir das denn konkret vorstellen, Herr Doktor Geiger?», meldet sich einer. Dr. Geiger ist konsterniert. Wieso kapiert dieser Mensch nicht, dass seine Ideen bahnbrechend und völlig neu sind? «Die Details kommen später», versucht Dr. Geiger den Vertriebsmitarbeiter abzuwimmeln. Der bleibt hartnäckig: «Na, jetzt lassen Sie doch mal die Katze aus dem Sack! Was sage ich denn nun dem Kunden, der morgen kommt und meine Beratung zu seinen Anlagen will?» Herr Dr. Geiger ist sichtlich genervt und deutet auf eine Folie seiner Präsentation, die das Umsatzwachstum zeigt, das dank seines Konzepts erreicht werden soll.

Dann redet er weiter. Die Kollegen aus dem Vertrieb schütteln nur die Köpfe. Das ist ja absolut hoffnungslos mit dem Kerl!

Wir haben da ein echtes Personalproblem!

An dieser Stelle hätte Herr Dr. Geiger die Chance gehabt, die Vorstellung abzubrechen und eine Tour durch die Filialen zu machen, sich den Rat und die Einblicke in die Praxis zu holen, die ihm fehlen. Doch was macht Dr. Selbstherrlich? Er marschiert zum Chef, baut sich vor ihm auf, macht eine breite Brust und sagt: «Wissen Sie was? Ich glaube, wir müssen dringend mal über unser Vertriebspersonal reden! Das sind ja alles Pfeifen! Die haben überhaupt keine Ahnung!» «Wie meinen Sie das?», fragt der Chef und ihm schwant Übles. «Ja, also, wenn ich einem Vertriebsmitarbeiter, der schon jahrelang bei uns arbeitet, sagen muss, was er seinem Kunden zu erzählen hat – das kann ja wohl nicht wahr sein! Wir haben da ein echtes Personalproblem!»

Die Stunde der Wahrheit

Chance verschenkt – schade eigentlich, denkt sich der Chef. Er holt tief Luft und macht Dr. Geiger ein für alle Mal klar, dass leider er selbst das größte Personalproblem in seinem Laden ist. Vor allem deshalb, weil er über keinerlei Eigenverantwortung verfügt. Da bleibt dem Herrn Doktor doch fast die Luft weg. Man kann ihm ja viel nachsagen, aber verantwortungslos? Wo er sich doch ständig darum kümmert, andere an seinem Wissen teilhaben zu lassen? Der Chef erklärt es ihm: «Eigenverantwortung bedeutet die Bereitschaft und Fähigkeit, für das eigene Handeln, Reden und Unterlassen die Verantwortung zu tragen, mein lieber Herr Doktor Geiger. Das bedeutet auch, dass Sie für Ihre eigenen Taten einstehen und die Konsequenzen dafür tragen. Und wenn Sie Eigenverantwortung hätten, dann hätten Sie mal über sich selbst und Ihr Verhalten nachgedacht. Und sich auch gefragt, ob es vielleicht nicht an Ihnen liegt, dass keiner Ihr Konzept versteht, anstatt andere dafür verantwortlich zu machen!» Der Angeredete versteht immer noch Bahnhof. Deswegen hat er auch so recht, der Chef. Er kündigt seinem einstigen High Potential. Und genau das sollte passieren, wenn ein unmotivierter Herr Doktor nicht nur unmotiviert ist, sondern auch noch uneinsichtig und unbelehrbar: Er muss gehen.

Bei dieser Vorstellung zucken Sie immer noch leicht zusammen? Sicher: Kuschelig ist das nicht. Der Rausschmiss eines High Potentials kommt ja schon fast einem Tabubruch gleich. Die sind in der heutigen Zeit so schwer zu finden, da kann man sie doch nicht einfach so wieder rausschmeißen! Und dann auch einen so gebildeten und gut vernetzten wie Dr. Geiger! Der isst schließlich nicht umsonst ständig am Tisch des Vorstands zu Mittag! Wer weiß, was alles noch in ihm steckt! Und überhaupt: Wie steht man denn dann da als Chef? Alle werden denken, dass man seinen High Potential nur unter einem Vorwand vor die Tür gesetzt hat und dass der wahre Grund ganz woanders liegt: In Wahrheit konnte man es nämlich schlecht ertragen, dass einer einen Doktortitel hat und man selbst nicht – das werden dann alle auf den Fluren tuscheln. Zumindest werden sie einem die Führungsqualitäten absprechen oder die sozialen Kompetenzen. Denn hätte man die, wäre man mit einem Herrn Doktor fertig geworden.

Stimmt: Das alles auszuhalten, ist sehr ungemütlich. Aber vielleicht helfen Ihnen folgende Überlegungen, die letzten Zweifel zu beseitigen: Stellen Sie sich vor, Sie wären der Chef eines High Potentials wie Herrn Dr. Geiger. Außer ihm haben Sie noch sieben weitere Mitarbeiter. Wenn Sie jetzt alle Mitarbeiter als Profit Center betrachten würden – an welcher Position in der Rangliste würde wohl Herr

Dr. Geiger stehen? Eben. An der letzten. Und unrentable Profit Center werden nun mal geschlossen. Das ist eine simple betriebswirtschaftliche Rechnung. Der schlechteste Mitarbeiter muss gehen. Mit Ihrem High Potential haben Sie schlicht und ergreifend ein schlechtes Geschäft gemacht. Ihn einzustellen, war möglicherweise eine gute Entscheidung, wenn auch riskant – schließlich kann man nur bis zu einem gewissen Grad vorhersagen, welche Leistungen ein Mitarbeiter in seinem Aufgabenbereich bringen wird und welchen Eigenantrieb er auf die Dauer entwickelt. Leider hat sich im Falle des Herrn Dr. Geiger gezeigt, dass dieses Invest nicht rentabel für Sie und Ihre Abteilung war. Und weil Sie der Chef sind, müssen Sie auch die Verantwortung für dieses schlechte Geschäft übernehmen. Ihre Aufgabe ist es, Risiken vom Unternehmen fernzuhalten. Also sorgen Sie dafür, dass der High Potential kein Risiko und kein schlechtes Geschäft mehr für das Unternehmen darstellt. Ganz nüchtern und sachlich. Ganz unkuschelig.

Wenn Sie dann nach getaner Arbeit zu Hause am Kamin sitzen und noch einmal über das Geschehene nachdenken – dann ist es Zeit für eine emotionale Reflexion dieser Situation. Da wäre dann Platz für Gedanken wie: Wirklich schade, diese Geschichte mit dem Herrn Dr. Geiger. Daran konnte man mal wieder sehen, dass die beste Bildung nichts nützt, wenn die persönliche Reife und die Herzensbildung auf der Strecke geblieben sind. Wirklich erstaunlich! Da ist einer mit Wissen abgefüllt und doch sozial völlig verarmt und frei von jeglichen Werten, die ihm im Umgang mit seinen Mitmenschen und bei seiner Arbeit etwas nützen. Würde er Lebens- und Praxiserfahrung als einen der akademischen Qualifikation gleichgesetzten Wert anerkennen, dann hätte er es vielleicht geschafft, der Herr Dr. Geiger. Hoffentlich begreift er irgendwann, dass Qualität nur dann entsteht, wenn akademisches Wissen und praktische Erfahrung zusammenkommen – dann wird er nämlich ein wirklich guter Mitarbeiter. Einer, der seinen Teil zum Gelingen des Ganzen beiträgt. Einer, dem man für seine Leistung gerne eine Gegenleistung gewährt.

Kapitel 5

Wessen beste Mitarbeiter nach drei Jahren nicht kündigen, der ist ein schlechter Chef

Warum Mitarbeiterloyalität ein Mythos ist

Es war einmal ein weiser, alter König. Er hatte drei Söhne. Der älteste war ein scheuer Einzelgänger, der anderen nach dem Mund redete. Der mittlere diente seinem Vater treu und ergeben und war freundlich zu allen am Hof. Der jüngste Sohn aber war der klügste unter den drei Brüdern. Er reiste oft durch das Land seines Vaters und war überall ein gern gesehener Gast, denn er war nicht nur klug, sondern auch freundlich, gütig und hilfsbereit. Alle Untertanen des Königs liebten ihn. Sie hofften, dass er einmal die Nachfolge seines Vaters antreten würde. Eines Tages fiel dem jüngsten Königssohn etwas auf: Sein Vater war schwach. Und er wurde jeden Tag schwächer. Er zog sich mehr und mehr zurück. Die Amtsgeschäfte überließ er seinen Ministern. Seine beiden ältesten Söhne aber gingen ihrem Vater nicht zur Hand. Ganz im Gegenteil: Sie waren faul, frönten dem süßen Dasein bei Hofe, ließen sich den ganzen Tag bedienen, bestellten Gaukler und Musikanten zu ihrer Unterhaltung und wurden fetter und fetter. Der alte König schaute dem Treiben hilflos zu und konnte ihm keinen Einhalt mehr gebieten. Da fasste der jüngste Sohn des Königs einen Entschluss ...

So hätte die Geschichte anfangen können, die ich Ihnen in diesem Kapitel erzählen will. Aber ein Märchen ist sie dann doch nicht. Dazu fehlt nämlich das Happy End. Aber der Reihe nach.

Das Königreich ist ein Pharmaunternehmen in einer großen Stadt. Der König – na gut, nicht der des ganzen Unternehmens, aber immerhin – ist der Leiter der Vertriebsabteilung. Er ist 59 Jahre alt und wird bald in Rente gehen. Sein Name: Josef. Alle nennen ihn Jupp. Er ist ein ganz gemütlicher Kerl, unser Jupp. Und in seiner Abteilung herrscht eine sehr familiäre und lockere Atmosphäre, passend zu Jupps rheinischer Frohnatur. Er geht gerne mit seinen Mitarbeitern nach Dienstschluss ein Kölsch trinken. Und wehe, einer kommt nicht mit! Dann kann er schon mal lospoltern wie ein Patriarch, dessen Kinder nicht alle rechtzeitig bei Tisch erscheinen. Und genau wie ein strenges, aber gütiges Familienoberhaupt achtet Papi Jupp darauf, dass seine Schützlinge sich nicht aufführen, als besiedelten sie ein Haifischbecken. Keiner soll dem anderen etwas neiden. Keiner soll sich benachteiligt fühlen. Alle sollen ihren Teil vom Kuchen haben. Also teilt er die Vertriebsgebiete selbst ein und ändert sie immer mal wieder, damit alle ungefähr die gleichen Chancen auf gute Umsätze haben.

Chefwohnstuben gibt es gar nicht so selten!

Jupp tritt salopp und unangepasst auf. Deswegen trägt er auch keine Anzüge, sondern Kombinationen, gerne in braun-beigen Farbtönen. Seine Schuhe bestechen weder durch Eleganz noch durch erlesene Materialien, vielmehr durch Komfort und Funktionalität. Jupp trägt einen schmalen Schnauzer, ebenso graumeliert wie sein kurzgeschnittenes, schütter gewordenes Haar. Auch sein Büro strahlt Nonkonformität aus. Designermöbel in kühlem Grau sucht man hier ebenso vergeblich wie Reproduktionen moderner Kunstwerke an den Wänden. Stattdessen hat er Bilder aufgehängt, die seine Enkelkinder für ihn gemalt haben. In der Ecke steht eine Sitzgarnitur in einem hellen Braunton. Es fehlen eigentlich nur noch die Vorhänge, dann würde es hier so kuschelig aussehen wie bei Jupp zu Hause – leider ist es im Unternehmen nicht gestattet, Vorhänge anzubringen. Auf Jupps Schreibtisch steht ein kleines rundes Aquarium, in dem ein rot-gelb gefleckter Goldfisch seine Runden zieht. Dass er so allein ist, tut Jupp eigentlich in der Seele weh. Es ist nicht sehr ordentlich in Jupps Büro. Überall stapeln sich Akten und liegen Fachmagazine herum. Auf dem Sideboard hinter dem Schreibtisch häufen sich die

Schachteln mit den Pharmapräparaten des Unternehmens. Jupps Frau kann über die Unordnung, die er überall hinterlässt, nicht nur im Büro, nur lachen. Sie ist Lehrerin und freut sich über jeden Tag, an dem Jupp früh nach Hause kommt. Schließlich wollen sie ja noch etwas vom Leben haben.

Kommt Ihnen diese Figur irgendwie bekannt vor? Kennen Sie auch so einen Papi, der sein Büro mit einem gemütlichen Wohnzimmer verwechselt? Solche Chefwohnstuben gibt es übrigens gar nicht so selten, das kann ich Ihnen verraten. Wie auch immer – Jupp ist also der alternde König, der eigentlich nur noch auf sein Ende wartet. Welche Königssöhne würden wohl zu ihm passen? Mit welchen Typen hätte er es besonders leicht? Wie müssen sie sein, damit er seinem Abgang unbesorgt entgegensehen kann? Nach welchen Kriterien wird er sie sich aussuchen?

Vom Seifenspender zum Blutdrucksenker

Vor einigen Wochen hat Jupp einen neuen Mitarbeiter eingestellt – der jüngste Königssohn: Ulf heißt der neue Key Account Manager. Er hat sein Handwerk von der Pike auf gelernt, das war Jupp wichtig. Ulf hatte seine Vertriebskarriere in einem kleinen Familienunternehmen gestartet, für das er Sanitäts- und medizinische Fachartikel verkaufte. Dann wechselte er zu einem großen Toilettenartikelhersteller, der auch Krankenhäuser belieferte. Dort kam Ulf das erste Mal in Kontakt mit dem medizinischen Einkauf. Besonders die Pharmavertreter hatte er immer bewundert: Das wollte er auch machen! Die waren ja nun wirklich was Besseres! Die mussten keine Flüssigseife in Zehnlitereimern verkaufen! Er arbeitete sich hoch und war nun – in Jupps Abteilung – bei seinem Traumjob angekommen.

Perfektes Auftreten ist Ulf wichtig, seine Kleidung deswegen dezent und hochwertig – noch nicht einmal seine Krawatte sticht irgendwie aus seinem grauen Outfit hervor. Für Ulf zählen Leistung und Erfolg – besonders an seinem Arbeitsplatz, das war schon immer so. Dass sein neuer Chef diesbezüglich nicht so tickt, hat er schon im Vorstellungsgespräch gemerkt. Sonst hätte der Chef wohl kaum so oft von kollegialer Gerechtigkeit und Ausgewogenheit der Vertriebszahlen gesprochen. Für Ulf ist lediglich wichtig, dass die Kollegen nett sind. Abgesehen davon ist er sowieso die meiste Zeit zu Kundenterminen unterwegs. Deswegen ist ihm das Modell seines Firmenwagens noch wichtiger als die Freundlichkeit der Kollegen – schließlich sollen die Kunden sehen, dass sie es mit einem erfolgreichen Key Account Manager zu tun haben und nicht mit einem Normalo aus den unteren Riegen des Handelsvertreterproletariats. Für seinen neuen Job hat er sich viel vorgenommen: Er will nicht nur beständig gute Leistung bringen wie bisher in seiner Karriere, sondern er will mehr. Er will weiter aufsteigen und endlich Personalverantwortung übernehmen.

Ulf ist also der jüngste Königssohn. Wohlgelitten beim Volk, sprich: den Kunden. Alle freuen sich, wenn er gutgelaunt um die Ecke biegt. Außerdem ist Ulf ehrgeizig. Er will etwas erreichen und legt sich richtig ins Zeug. Da ist ein Wertekonflikt mit seinem ganz anders gestrickten Chef schon programmiert, oder?

Um Ulf gut einzuarbeiten, hat Jupp einen seiner loyalsten Mitarbeiter gebeten, Ulf mit auf die übliche Tour zu nehmen. Lars-Dieter macht das gerne. Er arbeitet sowieso am liebsten eng mit seinen Kollegen zusammen. Und wenn der Jupp ihn braucht, ist er da, egal wann, egal wo. Also gehen die beiden einige Wochen lang zusammen auf Tour, der alte und der neue Mitarbeiter, und Lars-Dieter zeigt Ulf, wie man seinen Job als Pharmavertreter gut macht. Dass Ulf der neue Thronfolger sein soll, hat er schnell gemerkt. Schwer von Begriff ist er nämlich nicht. Und er unterliegt auch keiner Selbstüberschätzung, deswegen weiß er ganz gut, dass er zwar anständige und solide Arbeit abliefert, aber eben nichts, was ihn dazu befähigen würde, Jupps Position einzunehmen, wenn der in drei Jahren in Rente geht. So wie es im Moment aussieht, wäre Ulf ein möglicher Kandidat dafür. Das spürt Lars-Dieter sofort. Und

Seine Arbeit könnte ihm eigentlich gestohlen bleiben.

damit er gleich von Anfang an ein gutes Verhältnis zu ihm hat, zeigt er sich auch Ulf gegenüber loyal.

Der zweite Königssohn Lars-Dieter – schauen wir ihn uns doch ein bisschen genauer an. Er ist bedingungslos loyal, eigentlich ein Traummitarbeiter, oder? Einer, der alles macht, sofort springt, wenn der Chef ihn braucht. Der Haken an der Sache: Lars-Dieter geht es gar nicht um die Arbeit, um seine Tätigkeit. Die könnte ihm eigentlich gestohlen bleiben. Er hat kein Interesse an Verkaufszahlen, Betriebsergebnissen, strategischen Überlegungen. Er hat vielmehr resigniert und hält sich dank der Sozialkontakte am Arbeitsplatz noch einigermaßen senkrecht. Menschliches Miteinander – das findet er nett, das findet er angenehm. Um sich das zu bewahren, strengt er sich ab und zu ein bisschen an – schließlich will er vor allem den Chef nicht hängen lassen. Er hätte ein schlechtes Gewissen, wenn er es täte.

Übrigens: Wenn Jupp nur halb so kuschelig unterwegs gewesen wäre, dann hätte er seinen neuen Mitarbeiter Ulf schon in der ersten Phase getestet – und nicht einfach nur mit Lars-Dieter auf Tour geschickt. Er hätte genau geschaut, wen er sich da ins Haus geholt hat, und ihm spezielle Aufgaben gestellt, um herauszufinden, ob er tatsächlich leistungswillig ist oder nur so tut, als ob. Er hätte ihn entweder zum schwierigsten Kunden zuerst geschickt oder zu einem ehemaligen Kunden, der schon immer Ärger gemacht hat – und zwar mit dem Auftrag, diesen Kunden zurückzugewinnen. Gute Chefs nutzen nämlich die Probezeit sinnvoll – und bilden sich ein sicheres Urteil über den neuen Mitarbeiter. So verhindern sie «Fehleinkäufe».

Sprücheklopfer unter sich

Im Pharmaunternehmen findet ein Meeting der Vertriebsabteilung statt. Es ist das zweite, an dem Ulf teilnimmt. Er ist jetzt schon einige Wochen im Unternehmen. Die ersten Hürden hat er genommen, er fühlt sich sicher und stark. Den Job hier wird er gut machen, davon ist er überzeugt. Er traut sich viel zu. Vertrieb ist einfach sein Ding, das ihm obendrein auch noch Spaß macht. Jupp eröffnet das Meeting mit dem ewig gleichen Ritual. Erst einmal dürfen alle der Reihe nach erzählen, wie es ihnen gerade so geht mit ihrer Arbeit. Papi ist das wichtig. Schließlich legt er großen Wert auf eine familiäre und vertrauensvolle Atmosphäre. Die Kollegen beginnen mit ihren Berichten. Als Ulf an der Reihe ist, verkündet er in knappen Worten, wie wohl er sich hier im Unternehmen fühlt und auch mit dem, was er jeden Tag tut. Er ist wirklich ein netter und offener Typ, denkt sich Papi derweil. So einen wie ihn hätte wohl jeder gerne als Schwiegersohn. Bei nächster Gelegenheit werde ich ihm das Du anbieten. Ins Team scheint er sich auch prima zu integrieren. Hoffentlich bleibt er so lange bei uns, bis ich ihn Rente gehe. Er hätte wirklich das Zeug, meinen Posten zu übernehmen.

Es gibt noch einen Kollegen, der sich bei Ulfs kurzem Statement so seine Gedanken macht: Rolf. Er ist noch länger im Unternehmen als Lars-Dieter; seinen Job erledigt er so, dass er nicht weiter auffällt. Aber anders als Lars-Dieter ist Rolf keine loyaler, geselliger Typ, sondern ein Einzelgänger und immer sehr darauf bedacht, dass er genau das tut, was auch die anderen tun. In den Meetings sagt er nicht viel, beobachtet aber die übrigen Kollegen ganz genau. Seine Blicke fliegen permanent von einem zum anderen. Ihm entgeht nichts. Klar, dass er Ulf besonders intensiv beäugt, und vor allem dessen Bemühungen, sich einen Platz in der Hackordnung des Teams zu erarbeiten – denn da kann der Papi so viel kuscheln und auf Familienpatriarch machen, wie er nur will: Eine Hackordnung haben sie trotzdem, findet Rolf. Und er weiß auch, dass er in dieser Hackordnung nicht sehr weit oben steht. Spätestens seit Jupp ihn vor ein paar Monaten mal in sein Büro eingeladen und ihn wie immer sanft und zurückhaltend, aber dennoch inständig darum gebeten hat, doch seine Ergebnisse mal ein bisschen aufzupolieren. Als Ulf nun von seinen ersten Erfahrungen an seinem neuen Arbeitsplatz spricht, da ertappt sich Rolf bei Gedanken wie: Tja, so ehrgeizig war ich auch mal unterwegs. Ich habe auch mal so Sprüche geklopft wie «Überstunden sind doch überhaupt kein Problem!» Warum er aber seine Leistung Stück für Stück, fast unmerklich immer weiter runtergeschraubt hat – das kann Rolf auch nicht so genau beantworten.

Und hier ist er: der dritte Königssohn. Rolf macht ebenso wie Lars-Dieter nur das Nötigste. Leistung ist auch für ihn kein Thema. Erfolg inspiriert ihn nicht – nicht mehr. Dennoch ist er konkurrenzbewusst. Das deutet auf eines sicher hin: Ihm ist durchaus klar, dass er mehr bringen könnte, wenn er nur wollte. Aber er will nicht.

Auf einer familiären und kuscheligen Wolke schwebte er durch die Abteilung.

Weil es auch keiner von ihm verlangt. Und weil ihm keine Nachteile daraus erwachsen, lässt er halt alles so, wie es ist. Irgendwie nachvollziehbar, oder? Wenn keine ernsten Konsequenzen drohen, dann neigen Menschen zur strukturellen Vorteilnahme. Wenn keiner guckt, fährt man eben bei Rot über die Ampel. Oder nimmt den letzten Kaffee aus der großen Thermoskanne in der Büroküche, ohne neuen zu kochen.

Auf kuscheligen Wolken

Ein knappes Jahr später: Ulfs Probezeit ist vorbei. Er hat so richtig Gas gegeben. Schon nach wenigen Wochen ist er allein in seinem Gebiet unterwegs gewesen, und es hat nicht lange gedauert, bis die ersten wirklich guten Erfolge kamen. Ulf spürt jeden Tag, dass er Verkäuferblut hat: Ob nun Einmalhandtücher oder Krebsmedikament, es ist ganz egal, was man ihn verkaufen lässt. Wie er die Beziehungen zu seinen Kunden managt – das ist entscheidend. Der Erfolgsfaktor ist eindeutig er und nicht das Produkt. Ulf fühlt sich sicher, hat festen Boden unter den Füßen und große Pläne.

Allerdings: Er merkt jetzt, nachdem er einige Monate im Unternehmen ist, dass er seine sehr guten Ergebnisse auch mit weniger Aufwand einfahren kann. Er ist effizienter geworden. Und eigentlich könnte er noch mehr bringen. Stattdessen trifft er eine bewusste, aber andere Entscheidung. Er macht immer öfter pünktlich Feierabend, reduziert seine Leistung und genießt sein Privatleben. Daneben beobachtet er seine Kollegen und auch Jupp, den Chef, etwas genauer und fragt sich, in welchem Laden er da eigentlich gelandet ist. Papi ist ja lieb und nett. Er unterstützt seine Mitarbeiter und besonders Ulf, wo er nur kann. Er steht hinter ihnen und spricht ihnen gut zu, wenn sie mal wieder einen stressigen Tag hinter sich haben. Das tat Ulf auch gut – am Anfang. Aber mittlerweile fragt er sich, ob diese familiäre und kuschelige Wolke, auf der Jupp durch seine Abteilung schwebt, nicht etwas mit den Ergebnissen zu tun hat, die die Vertriebsmitarbeiter einfahren. Denn die sind durchwachsen. Um nicht zu sagen mittelmäßig.

Es gibt sehr gute Kollegen, zu denen Ulf zweifellos gehört, es gibt aber auch ein paar Pfeifen, das ist Ulf schon nach kurzer Zeit im Unternehmen aufgefallen. Lars-Dieter und Rolf zum Beispiel. An die geht der Chef nicht so richtig ran. Na gut, denkt sich Ulf, dann mach ich mich hier mal gar nicht verrückt. Wenn ich selbst nicht dafür sorge, dass ich wieder mehr Leistung bringe – der Chef wird mich aus diesem Paradies der Mittelmäßigkeit nicht vertreiben, so viel ist klar. Sonst hätte er ja schon längst etwas zu ihm gesagt. Stattdessen hat Jupp ihm erst neulich verkündet, dass er schon lange nicht mehr einen so guten Mitarbeiter hatte wie ihn und wie glücklich er sei, dass er das auf seine alten Tage noch erleben dürfe. Ulf wundert sich allerdings, warum Jupp von der Konzernzentrale oder vom Bereichsleiter nicht mehr Druck bekommt. Interessieren die sich überhaupt nicht dafür, dass aus der Vertriebsabteilung keine besseren Ergebnisse kommen? Wundern die sich nicht, dass der Jupp da sein gemütliches, kuscheliges Fürstentümchen hegt und pflegt? Aber soweit Ulf das mitbekommen hat, sind Jupps Familie und die des Bereichsleiters schon lange sehr eng befreundet. Neulich hat er sie zusammen beim Glühweinstand auf dem Weihnachtsmarkt getroffen, die wirkten schon sehr vertraut im Umgang miteinander.

Dennoch – warum lässt sich Jupp gefallen, dass die Kollegen ihm zum Teil auf der Nase herumtanzen, vor allem der Rolf, fragt sich

Ulf. Der geht ja regelmäßig schon zehn Minuten vor Feierabend aus dem Haus, immer mit dem Hinweis, dass er die Kinder aus dem Hort holen müsse, noch einkaufen gehen wolle oder Fußballtraining hat. Jupp sagt da nie etwas. Schon sensationell, wie man sich mit einer solchen Schmalspurleistung auf seinem Posten halten kann.

Dass er kein großes Kino mehr veranstaltete, war sogar nachvollziehbar.

Lars-Dieter dagegen tut ihm fast schon leid. So ein unauffälliger, anständiger Typ! Ein angenehmes Umfeld, Loyalität, Bindung und persönlicher Kontakt zu seinen Kollegen und auch zu Papi sind ihm wichtiger als alles andere. Leider auch wichtiger als seine Arbeitsergebnisse. Die sind zwar durchaus solide, aber eben nicht mehr. Auch sein Hang, Überstunden zu machen, ist nicht sehr ausgeprägt. Allerdings: Wenn man ihn braucht, ist er da. Man muss nur nett zu ihm sein, dann bekommt man, was man von ihm will. Der Jupp weiß das natürlich auch und brummt ihm manchmal Dinge auf, die ihn überfordern, das hat Ulf schon bemerkt. Warum er sich das gefallen lasse, hat er Lars-Dieter neulich beim Mittagessen gefragt, als er sich mal ganz zaghaft bei Ulf darüber beklagt hatte. «Ich mag den Chef sehr, der ist wirklich nett», hat er ihm geantwortet. Und hinzugefügt: «Ganz ehrlich: Ich bin ihm auch sehr dankbar, weil er damals, als mein Sohn sehr krank war und lange im Krankenhaus lag, mir so oft freigegeben hat. Das war wirklich große klasse.»

Wer Ulf aber wirklich Rätsel aufgibt, ist der Chef. So einen wie ihn hatte er noch nie. Von Papi kommen keinerlei Impulse. Hin und wieder rückt er mal einem seiner Mitarbeiter den Kopf zurecht, aber nur, wenn es wirklich gar nicht mehr anders geht. Und dann auch so, dass sich der jeweilige Mitarbeiter hinterher fast verpflichtet fühlt, Papi zu bedauern, weil er ihm einen solchen Kummer bereitet hat. Vor ein paar Wochen hat Jupp seinen 60. Geburtstag mit einem großen Fest gefeiert, zu dem natürlich auch alle seine Schäfchen eingeladen waren. Er hat eine kleine Rede gehalten. Und davon gesprochen, wie sehr er sich schon auf seinen Ruhestand freue, den er doch hoffe, schon in zwei Jahren antreten zu können und nicht erst in fünf. Wenn Ulf sich so in seinen Chef hineinversetzt, dann kann er dessen passive Haltung an seinem Arbeitsplatz sogar nachvollziehen. Klar, was soll ihm schon noch passieren? Mit sechzig und kurz vor der Rente wird doch keine Führungskraft mehr rausgeschmissen. Zumal deshalb nicht, weil er schon 35 Jahre zum Konzern gehört und sich genug abgerackert hat. Da war es wirklich verständlich, dass Jupp kein großes Kino mehr veranstaltete, es sich in seinem Büro gemütlich machte und ansonsten darauf achtete, dass er möglichst keine unangenehmen Gespräche mit seinen Mitarbeitern führen musste. Dass er es so langsam auslaufen ließ. Wie gesagt: alles nachvollziehbar.

Von Realisten, loyalen Deppen und Unterforderten

Was geht hier eigentlich vor sich, in dieser kleinen, heilen Vertriebsabteilungswelt? Was ist los mit Papi Jupp, dem weich gespülten Vorruheständler, mit Rolf, dem verschlagenen Missgünstling, und Lars-Dieter, dem devoten Mr. Weichei? Und was hat es mit Ulf auf sich? Was genau bereitet ihm denn solches Unbehagen?

Es ist eigentlich ganz einfach: Wenn ein Mitarbeiter neu in ein Unternehmen eintritt, dann macht er zunächst das, was alle machen, die einen neuen Job an Land gezogen haben: Er hängt sich mächtig aus dem Fenster. Das ist die Phase eins. Er fährt sein Engagement hoch. Schließlich hat er eine Probezeit zu überstehen. Da muss man schon beweisen, was in einem steckt. Nach einer gewissen Zeit, ungefähr nach einem Jahr, fühlt sich der neue Mitarbeiter einigermaßen sicher im Sattel und beginnt, seine Leistung mit der seiner Kollegen zu vergleichen. Jetzt beginnt Phase zwei. Stellt er dann fest, dass er im Vergleich zu seinen Kollegen mehr leistet, passiert fast zwangsläufig Folgendes: Er testet den Chef. Er bringt ein bisschen weniger Leistung als üblich, verschwindet immer öfter auch mal pünktlich in den Feierabend, reduziert sein Engagement Stück für Stück. Einfach um zu schauen, wann der Chef es merkt. Und wenn der nichts merkt, stellt sich irgendwann danach, spätestens nach zwei bis drei Jahren, etwas Entscheidendes heraus: zu welchem Typ Mitarbeiter der Neuzugang gehört.

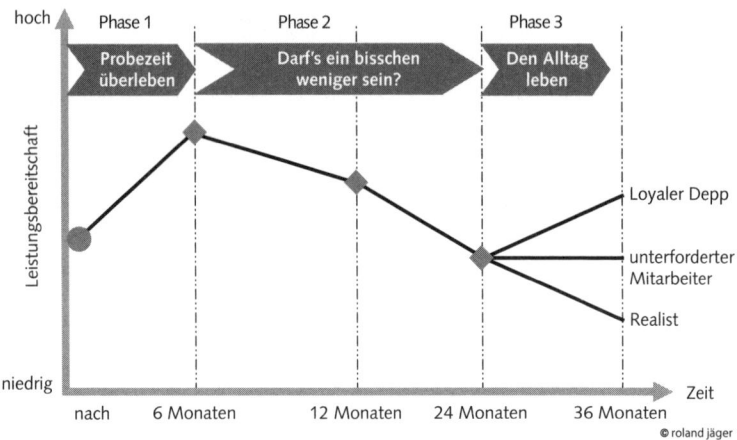

Von loyalen Deppen und Realisten

Die Leistungsbereitschaft der Mitarbeiter wandelt sich im Zweijahrestakt

Haben Sie schon herausgefunden, in welche Kategorien Rolf, Lars-Dieter und Ulf passen könnten? Ganz klar: Rolf ist der «*Realist*» unter den dreien. Er hat nach einem Jahr in der Abteilung festgestellt, dass es für ihn wenig bis gar keine Konsequenzen hat, wenn er seine Leistung herunterfährt. Also hat er sich auf die faule Haut gelegt. Hin und wieder stört ihn sein Chef dabei, aber nicht ernsthaft und auch nicht nachhaltig. Also macht er es sich weiterhin gemütlich. Als Ulf auftauchte, hat er sich daran erinnert, dass er früher mal anders war: ehrgeizig und motiviert.

Dieses Wir-sind-eine-Familie-Theater hatte er längst satt.

Lars-Dieter gehört zur Kategorie der «*loyalen Deppen*». Das hört sich nicht schön an, ich weiß. An der Tatsache ändert das aber nichts. Auch ein loyaler Depp hat nach ungefähr einem Jahr Teamzugehörigkeit seine Leistung gedrosselt, ohne dass das Konsequenzen gehabt hätte, genauso wie der Realist. Im Gegensatz zum Realisten empfindet der loyale Depp allerdings das Ungleichgewicht zwischen Leistung und Gegenleistung und fährt sein Engagement wieder hoch. Das, was ihn dabei antreibt, ist jedoch nur sein schlechtes Gewissen und eine falsch verstandene Dankbarkeit gegenüber dem Chef. Es ist keinesfalls die Einsicht, dass er für die Leistung, die er bekommt – in Form seines Gehalts – eine Gegenleistung zu bringen hat, ganz unabhängig davon, welchen Chef er nun gerade hat. Es ist auch nicht die Erkenntnis, dass Weiterentwicklung und Erfolg nur mit entsprechender Leistung zu erreichen sind. Und am allerwenigsten der Spaß an der Leistung oder am Erfolg.

Ein ausgekuschelter Chef testet seine Mitarbeiter übrigens nicht nur in der ersten Phase. Auch in der zweiten Phase lässt er nicht nach. Immer wenn die Leistungskurve seiner Mitarbeiter nach unten deutet, wird er stutzig. Er sucht Gründe dafür. Er spricht mit seinen Mitarbeitern darüber. Er schaut nicht einfach kommentarlos zu, sondern er forscht nach den Ursachen. Weil er die Komfortzone schon längst geräumt hat. Weil ihm selbst Leistung wichtig ist und er dieses Wir-sind-eine-Familie-Theater längst satt hat. Ein ausgekuschelter Chef erkennt – wäre er an Jupps Stelle – zum Beispiel auch schon zu diesem frühen Zeitpunkt, dass er einen Mitarbeiter wie Ulf – der übrigens in die Kategorie «unterforderter Mitarbeiter» gehört – niemals im Unternehmen halten kann. Wer leistungsorientiert ist, der bleibt nämlich nie länger als drei Jahre im Unternehmen, wenn er nicht entsprechende Optionen geboten bekommt (wie beispielsweise den Wechsel in einen anderen Bereich innerhalb des Konzerns, eine Entsendung ins Ausland oder eine höhere Position bei einem Tochterunternehmen). Das zeigt oft genug der Blick in den bisherigen Karriereverlauf eines solchen Mitarbeiters – wenn das Unternehmen keine Entwicklungsperspektiven bieten kann, dann wechselt ein leistungsbereiter Mitarbeiter in der Regel alle drei Jahre. Das kann allerdings nur eine Führungskraft erkennen, die es nicht nötig hat, den gefühlsduseligen Papi zu geben, und die nicht denkt, dass sie einen leistungsorientierten Mitarbeiter halten kann, wenn sie es ihm nur kuschelig genug macht. Die Papis unter den Chefs schaffen eines nicht: den leistungsorientierten Mitarbeitern das zu geben, was sie brauchen. Nämlich Anreize, kompetitive Situationen, Erfolgserlebnisse. Papis versagen als Führungskräfte, weil sie nicht in der Lage sind, die unterschiedlichen Mitarbeitertypen zu erkennen und angemessen auf sie einzugehen und zu reagieren.

Zurück zu Ulf – zum Unterforderten in diesem Trio. Er befindet sich gerade in der zweiten Phase, in der er testet, wie weit er sein Engagement reduzieren kann. Dass er damit nicht glücklich ist, zeigt sich schon jetzt. Wollen Sie wissen, was mit den Unterforderten gemeinhin passiert? Hier kommt die Fortsetzung.

Konsequenter Königssohn

Bei Ulf hängt der Haussegen schief. Sein pubertierender Sohn ist irgendwie an die falschen Freunde geraten und neulich beim Klauen erwischt worden. Ulfs Frau fordert die väterliche Präsenz. Also kümmert sich Ulf mehr um seinen Nachwuchs, er lernt gemeinsam mit ihm, geht mit ihm zum Sport, versucht sein Bestes, ihm Werte und Normen zu vermitteln. Klar, dass er nicht mehr so viel arbeitet und immer pünktlich Feierabend macht. Seine Zahlen sind ja nach wie vor in Ordnung, wenn auch leicht rückläufig, er kann sich das aber erlauben. Schließlich ist er immer noch besser als alle anderen. Er wundert sich zwar, dass sein Chef nichts dazu sagt. Aber irgendwie hat er sich auch daran gewöhnt, dass er immer früh nach Hause geht und Zeit für seine Familie hat.

Dass er unzufrieden und unterfordert ist, ist dem Chef vollkommen egal.

Auch als im monatlichen Vertriebsmeeting seine rückläufigen Zahlen zur Sprache kommen, lässt Jupp das unkommentiert. Rolf – der die Hintergründe nicht kennt – denkt sich nicht ohne eine gewisse Häme: «Na, das war wohl ein Strohfeuer! Von wegen neuer Vertriebskönig! Das habe ich mir doch gleich gedacht! Und eigentlich macht er es ja genau richtig, der Ulf. Schließlich hat man hier ja überhaupt nichts davon, wenn man sich ein Bein ausreißt.

Geht genauso gut ohne. Wenn mich einer fragen würde, könnte ich sogar jetzt schon sagen, wie Ulfs Zahlen nächstes Jahr aussehen werden.»

Nach dem Meeting gehen Lars-Dieter und Ulf zusammen in die Kantine. Lars-Dieter versucht seinen Kollegen wieder aufzubauen – obwohl der gar nicht sonderlich geknickt ist, aber das merkt Lars-Dieter nicht. «Mach dir nichts draus. Der Jupp ist so verständnisvoll, der wird dir aus deiner familiären Situationen keinen Strick drehen. Das hat er bei mir auch nicht gemacht, damals, als es meinem Sohn so schlecht ging. Der Jupp kümmert sich eben um uns.»

Ulf realisiert also, dass er mit weniger Engagement ausreichende Zahlen liefern kann und noch nicht einmal angerüffelt wird. Und deswegen geht er, als sich seine familiäre Situation wieder entspannter zeigt, nicht mehr zur Tagesordnung mit Überstunden, Mehrfahrten und Wochenenddiensten über. Er macht es sich viel lieber bequem. Verschwindet weiterhin pünktlich in den Feierabend. Geht mit seiner Frau ins Kino, mit den Kindern zum Sport und leistet sich etwas, von dem er schon immer geträumt hat: Er nimmt Klarinettenstunden. Er stellt fest, dass er in Gedanken weniger und weniger beim Job ist. Er brütet nicht mehr über ungelösten Aufgaben. Er lässt seinen Rechner übers Wochenende in der Firma. Früher hatte er immer schon am Sonntagabend seine E-Mails abgerufen und sich auch schon mal zwei oder drei Stunden auf ein Kundengespräch am Montag vorbereitet. Das alles macht er jetzt nicht mehr. Und er genießt es. Es ist ja alles in Ordnung, es gibt nichts, worüber er sich Sorgen machen müsste, oder?

Aber Ulf wäre nicht Ulf, wenn er sich damit zufriedengeben würde. Er ist ein leistungsmotivierter Königssohn und kein gewindelter Freizeitoptimierer. Die ewigen Kinogänge und Fressgelage mit Freunden gehen ihm schon lange auf die Nerven. Er fühlt eine innere Leere. Warum dies so ist, wird ihm aber erst während eines Mitarbeitergesprächs mit seinem Chef klar. Papi holt in seiner üblichen jovialen Art weitschweifig aus und erklärt Ulf, dass alles ganz prima sei, was er da so an Zahlen abliefere. Und wenn er genau so weitermache wie in den letzten beiden Jahren – kaum zu glauben, dass er schon so lange für das Unternehmen arbeite, nicht wahr? –, dann sei auch in Zukunft alles gut. Die Beförderung in die nächste Gehaltsstufe sei ebenfalls schon beschlossen, er warte nur noch auf das Okay des Bereichsleiters, aber das sei eine reine Formsache.

Als Ulf die als Büro getarnte Wohnstube des Chefs verlässt und die Tür hinter sich ins Schloss zieht, wird ihm auf einmal etwas klar: Dass er unzufrieden und unterfordert ist, ist dem Chef vollkommen egal. Mehr noch: Dass er Leistung bringt, ist in diesem kuscheligen Umfeld überhaupt nicht erwünscht! Wie auch! Wenn schon der Chef den Betrieb so gemächlich und gemütlich dahinplätschern lässt und nur auf Harmonie in der Abteilung setzt! Da ist es ja völlig klar, dass ein Mitarbeiter, der mehr bringt als die anderen, den Betriebsfrieden nur unnötig stören würde. Schließlich würden dann übergeordnete Instanzen – beispielsweise der Vorstand – auf einmal merken, was alles möglich ist und dann genau diese Leistung auch von den anderen Mitarbeitern einfordern. Dann müssten sie sich ja anstrengen – inklusive des sanft vor sich hindämmernden Chefs! Diese Erkenntnis zieht Ulf fast für einen Moment den Boden unter den Füßen weg. Gleichzeitig ist er erleichtert. Er hat jetzt Klarheit.

Für ihn gilt es nun herauszufinden, wie er sich in Zukunft in seiner Abteilung positionieren will – in einem Umfeld, in dem Leistung nicht gefordert wird, in dem es aber durchaus leistungsbezogene Ungerechtigkeiten gibt (die Lars-Dieter ausbaden muss, weil er den loyalen Deppen gibt, und die der Realist Rolf schamlos ausnutzt, indem er sich auf die faule Haut legt). Dass Ulf selbst fast ein Realist wie Rolf geworden wäre – das fällt ihm jetzt auf. Da hat er gerade noch einmal die Kurve gekriegt, überlegt er sich. Zum Glück hat ihn das Dasein als Kino- und Partygänger nicht befriedigt. Sonst wäre er vermutlich bis zum Rest seiner Tage im Unternehmen auf dieser Ebene stecken geblieben. Und sich in die Rolle eines loyalen Deppen einzufinden – das kommt für Ulf nicht infrage. So wie Lars-Dieter will er nicht enden – als Fußabtreter für den Chef, der es noch nicht einmal gedankt bekommt. Ulf sucht also für sich eine andere Rolle, einen anderen Weg.

Wie kann er sich wieder motivieren, mehr Leistung zu bringen? Er weiß, dass er dazu Anerkennung, Aufmerksamkeit und Lob bräuchte – von seinem Chef, und zwar jenseits von Gehaltserhöhungen. Die sind ihm nämlich relativ egal, mit Geld kann man ihn nicht mehr locken, davon hat er genug. Für ihn sind Leistungs- und Erfolgsorientierung wichtige Eckpfeiler seiner Persönlichkeit. Herausforderungen machen ihm keine Angst, sondern spornen ihn an. Wenn er sich keine ambitionierten Ziele setzen kann, wird ihm eine Sache schnell langweilig. Er braucht diesen Kick. Er ist ein leistungsbereiter Mitarbeiter. Und von Jupp ist er einfach nur enttäuscht. Auf der menschlichen Ebene hat er es zwar schon drauf, da kommt viel Wärme und Unterstützung rüber, aber in Sachen Leistung und Ergebnisse – da ist der Papi einfach ein Weichei. Er fordert und fördert seine Mitarbeiter nicht. Stattdessen überlegt er sich, wie er sein Büro noch ein bisschen gemütlicher ausstaffieren könnte. Und das reicht Ulf nicht. Er hat auch keine Hoffnung, dass sich daran noch einmal etwas ändern wird. Jupp bereitet sich innerlich schon lange auf seinen Ruhestand vor, da ist nicht damit zu rechnen, dass er das Ruder noch einmal herumreißt. Also fasst Königssohn Ulf einen Entschluss: Er wird kündigen. Und zwar gleich.

Jupp ist ehrlich entsetzt, als Ulf am nächsten Morgen in die Chefstube kommt und ihm seine Kündigung überreicht. «Das kann ich wirklich nicht glauben, Ulf! Warum das denn bloß? Das verstehe ich ja nun überhaupt nicht! Mensch, du bist mein bestes Pferd im Stall, ich bin fest davon ausgegangen, dass du den Laden hier übernimmst, wenn ich nächstes Jahr in Rente gehe!» Und dann wird es ganz hart, denn Papi nimmt Ulfs Kündigung persönlich. «Ich hab immer gedacht, wir sind hier eine große

Mitarbeiterloyalität ist ein Mythos! Es gibt sie nicht!

Familie! Die verlässt man doch nicht einfach so! Das gehört sich nicht!», jammert er. «Ich finde das wirklich nicht in Ordnung. Richtig hintergangen fühle ich mich! Muss das denn sein, dass du mir hier kurz vor Dienstschluss noch so einen Ärger machst? Jetzt muss ich auch noch einen Ersatz für dich suchen! Glaub bloß nicht, dass ich dich hier auch noch einen einzigen Tag sehen will! Du bist ab sofort freigestellt! Pack deine Sachen und geh! Und jetzt lass mich allein, ich habe zu tun!» Ulf ist froh, dass er sich das Gewinsel nicht noch länger anhören muss. Kaum hat er Jupps Büro verlassen, eilt der ebenfalls aus der Tür den Flur hinunter und verschwindet in Lars-Dieters Büro. Na prima, denkt sich Ulf, dann kann er ja dem jetzt sein Leid klagen. Er ist froh, dass er freigestellt ist und keinen Tag länger erscheinen muss. Dass Jupp mit dieser Freistellung eigentlich seine Kompetenzen überschritten hat – denn solche Entscheidungen darf nur der Bereichsleiter treffen – nimmt Ulf fast schon amüsiert zur Kenntnis. So emotional und persönlich getroffen fühlte sich Papi also, dass ihm das völlig egal war. Wie gut, dieser komischen «Familie» entronnen zu sein.

Gut vernetzt statt totgekuschelt

Um es noch einmal auf den Punkt zu bringen: In der ersten Phase nach der Einstellung bringt ein neuer Mitarbeiter in der Regel gute bis exzellente Leistung. Er ist motiviert, weil er seine Probezeit überstehen will. Es geht ihm in erster Linie um seine eigene Haut, die er retten möchte. Phase eins könnte also die Überschrift tragen: Zeige Leistung und überstehe die Probezeit. Phase zwei würde lauten: Es darf auch ein bisschen weniger sein. Alle drei Protagonisten haben diese Phase durchlaufen. Sie haben weniger geleistet als zu Beginn ihrer Zeit im Unternehmen und festgestellt, dass es keine Konsequenzen für sie hat. Am Ende dieser Phase zwei steht eine Entscheidung. Sie spiegelt die Motivation wider, die jeden Menschen antreibt, sprich: Sie bringt es an den Tag, aus welchem Holz einer geschnitzt ist. Ob einer ein Realist ist, der nicht auffallen, auf keinen Fall zu viel arbeiten will, eher noch weniger, bei gleichbleibenden Bezügen und gleich bleibender Sicherheit des Jobs, versteht sich. Ob einer ein loyaler Depp ist, der gerne genauso wenig tun würde wie der Realist, aber seine Leistung aus schlechtem Gewissen und aus Dankbarkeit gegenüber dem Chef wieder hochfährt. Oder ob einer ein Unterforderter ist, der sich ein Umfeld sucht, in dem Leistung zählt und in dem das gebührend anerkannt wird, was er zu leisten imstande ist. In der Phase drei wird diese Entscheidung dann konsequent in die Tat umgesetzt: Der Realist bringt noch weniger Leistung, der loyale Depp bringt wieder etwas mehr Leistung (allerdings aus einer «falschen» Motivation heraus), und der Unterforderte (der einzige gute Mitarbeiter!) verlässt das Unternehmen.

Verstehen Sie jetzt, warum ich nichts von loyalen Mitarbeitern halte? Mitarbeiterloyalität ist ein Mythos! Es gibt sie nicht! Und deswegen sind Sie dann ein guter Chef, wenn Ihre Mitarbeiter nach drei Jahren gehen und Sie sie gerne ziehen lassen! Wenn Sie dann nicht lamentieren – so wie Jupp –, sondern Ihre Mitarbeiter in deren Ambitionen unterstützen: «Super, herzlichen Glückwunsch! Wohin werden Sie wechseln? Kann ich noch etwas für Sie tun? Sie gehen den richtigen Schritt in Ihrer Entwicklung, und ich wünsche Ihnen viel Erfolg! Lassen Sie uns in Kontakt bleiben! In spätestens drei Monaten würde ich Sie gerne mal zu einem Mittagessen treffen!» So geht das nämlich. Alles andere ist rückgratloses und kuscheliges Gedöns.

Jetzt kommt das große *Aber:* Der Umkehrschluss meiner These funktioniert leider nicht. Wenn Sie also denken: Oh, prima, meine Mitarbeiter verlassen mich alle fluchtartig nach kurzer Zeit, also muss ich wohl ein ganz besonders toller Chef sein!, dann kann ich eigentlich nur fragen: Das hätten Sie wohl gern, was? Was meinen Sie wohl, warum ich Ihnen von Papi und seinen drei Söhnen erzählt habe? Was ist die Moral von der Geschichte? Genau – Ulf geht ja nicht nur, weil er unterfordert ist. Er geht auch, weil er genug hat von Papi und dessen harmoniebedürftigem und leistungsfeindlichem Gehabe! Für ihn ist dort so oder so keine Entwicklung möglich. Unter Papis Regie bieten sich ihm keine Perspektiven.

Wer also ein Chef und kein Kuschler ist, der fordert und profitiert drei Jahre lang von der Höchstleistung eines ambitionierten Mitarbeiters – danach lässt er ihn gerne und mit den besten Wünschen versehen gehen. Und trifft ihn ab und zu zum Mittagessen. So sorgt man dafür, dass ein stabiles Netzwerk wächst, das einen unter Umständen noch nach der Verrentung trägt, wenn man nämlich als Business Angel eine zweite Karriere macht. Sehe ich da hochgezogene Augenbrauen? Sie meinen, dass Sie wahrlich Besseres zu tun haben, als sich permanent diese aufwendige Mitarbeitersuche anzutun? Klar, sie ist aufwendig. Aber ein ehemaliger Mitarbeiter, der fünf Jahre später im Vorstand eines Unternehmens sitzt, das eine langfristige Kooperation mit Ihrem Unternehmen eingehen will, ist doch auch etwas wert, nicht? Oder ein Mitarbeiter, der sich nach seinem Weggang bei Ihnen selbstständig gemacht hat und nun auf einmal auf Ihrer Kundenliste steht. Auch das ist ein dickes Plus auf der Habenseite.

Ein Kuschelchef reagiert familiär-emotional: «Ich bin persönlich enttäuscht.» «Wieso verlassen Sie mich jetzt, wo ich Sie ganz besonders brauche?» Und häufig muss sich der Mitarbeiter gleich entfernen und hört so wüste Sätze wie: «Gehen Sie mir aus den Augen! Ich will Sie nie wieder sehen!» So schafft man sich allerdings kein Netzwerk, sondern ein soziales Problem. Denn wieder gibt es einen Menschen mehr, dem man aus dem Weg gehen muss.

Ausgekuschelt hat also der, der nicht dem Mythos, sprich: dem falschen Leitbild aufsitzt, sondern sich lieber an das hält, was eigentlich Sache ist. Und der Abschied vom Mythos funktioniert so: Schauen Sie hin! Prüfen Sie genau, was Ihren Interessen als Chef dient, was vernünftig ist und was Sie und das Unternehmen weiterbringt. Vielleicht ist es ja auch das Beste, wenn Sie den ältesten Königssohn auf eine weite Reise schicken, den jüngsten auf den Thron heben und selbst vorzeitig abdanken. Aber eines dürfen Sie dabei nie vergessen: Wessen beste Mitarbeiter nach drei Jahren kündigen, ist nicht automatisch ein guter Chef!

Kapitel 6

Die besten Chefs stellen sich nicht vor ihre Mitarbeiter, sondern hinter sie

Warum es nichts nützt, Mitarbeiter vor den Folgen ihres Handelns zu schützen

Es ist ein kalter und grauer Novembermorgen. Vom Zürichsee her wallt Nebel über den Paradeplatz. In der obersten Etage der dort residierenden Bank herrscht eine ähnlich frostige Atmosphäre. Deutliche Worte fallen hier, denn der Abteilungsleiter hat einen seiner Teamleiter in der Mangel: «Jetzt hören Sie mir mal zu, Herr Keller, ich verliere langsam die Geduld mit Ihnen. Nicht nur der Vertriebsleiter, sondern auch die Geschäftsleitung höchstpersönlich hat sich eingeschaltet und sagt mir, was mit Ihrem Kunden passieren soll. Ja, genau, mit dem Kunden, für dessen Betreuung Sie zuständig sind, was Sie aber anscheinend selbst noch nicht gemerkt haben. Oder warum lassen Sie diese Arbeit ebenso halsstarrig wie ignorant einfach liegen? Ich sage Ihnen jetzt mal was: Ich erwarte, dass Sie mit dem Kunden sprechen und dass Sie ihm genau das Angebot liefern, das er nicht nur bestellt hat und erwarten darf, sondern Sie ihm auch noch versprochen haben! Halten Sie Ihre Verpflichtungen gefälligst ein! Wir sind eine Schweizer Bank! Wir arbeiten seriös und verbindlich! Ich diskutiere über den Vorgang auch nicht mehr! Sie befinden sich jetzt in ziemlich kaltem Wasser, falls Sie das noch nicht gemerkt haben.

Sie glauben, Mitarbeiterführung und Erziehung haben ungefähr so viel miteinander zu tun wie Playmobil-Figuren mit Blackberrys?

Schwimmen Sie endlich, Herr Keller!» Platsch – dachte der Herr Keller sich da. Denn einen solchen Reinfall hatte er nicht erwartet. Was heißt nicht erwartet – er hatte vielmehr fest damit gerechnet, dass er und sein Abteilungsleiter Herr Zimmermann gemeinsam besprechen würden, wie sie den erwähnten Kunden mal endlich in seine Schranken weisen könnten. Stattdessen nun diese eisige Dusche – das fühlte sich ja fast so an, als sei er tatsächlich in den novemberkalten Zürichsee geworfen worden!

Wundern Sie sich darüber, wie sich der Abteilungsleiter Herr Zimmermann hier benimmt? Halten Sie seinen Kommunikationsstil für respektlos und ziemlich daneben? Ich nicht. Im Gegenteil: Ich finde, Herr Zimmermann macht alles genau richtig. Er verhält sich seinem Teamleiter gegenüber so, wie man es beispielsweise auch von verantwortungsvollen Eltern erwarten würde, die sich der Erziehung ihrer Sprösslinge widmen. Sie glauben, Mitarbeiterführung und Erziehung haben ungefähr so viel miteinander zu tun wie Playmobil-Figuren mit Blackberrys?

Nun, was gute Eltern wissen und die Psychologen sowieso: Kindern alles abzunehmen bringt nichts. Ihnen unangenehme Situationen zu ersparen, ihnen alles hinterherzutragen und ihnen auch dann noch die Schuhe zu binden, wenn sie schon längst in die Pubertät gekommen sind, ist kontraproduktiv. Diese Erkenntnis gehört zum kleinen Einmaleins der Pädagogik, sie ist nichts Neues oder Bahnbrechendes.

Am allerwichtigsten ist: Kinder müssen lernen, die Suppe selbst auszulöffeln, die sie sich eingebrockt haben. Wer sie vor den peinlichen Situationen schützen will, die damit oft einhergehen, erreicht nur eins: dass der Nachwuchs verantwortungslos wird und uneigenständig bleibt. Wer sie dagegen in einem Entwicklungsprozess unterstützen will, der sie zu eigenverantwortlichen und integren Persönlichkeiten macht, der muss sie mit den Folgen ihres Handelns konfrontieren. Das ist eine der Voraussetzungen für soziales Miteinander in einer Gesellschaft. Und eine solche Erziehung vermittelt eine ganz besondere Tugend, einen ganz besonderen Wert: Respekt. Nicht nur in Bezug auf Eigentum. Auch in Bezug auf andere Menschen, mit denen man redet, mit denen man zu tun hat, mit denen man kooperiert. Respektvoll handelt man nämlich dann, wenn man sich fragt: Was sind die Folgen meines Redens und Handelns? Was passiert, wenn ich dieses tue oder jenes unterlasse? Und bin ich bereit, die Folgen dafür zu tragen? Oder muss dann mein Papa zum Nachbarn gehen und sich bei ihm dafür entschuldigen, dass ich ihm – natürlich ganz aus Versehen! – die Fensterscheibe mit meinem Ball eingeworfen habe?

Wer schon von frühester Kindheit an mit den Folgen seines Handelns konfrontiert wird, der lernt, dass er Verantwortung übernehmen muss, und zwar für alles, was er tut oder auch unterlässt. Wer es nicht gelernt hat, diese Verantwortung für sich zu übernehmen, der lebt gefährlich. Weil er vielleicht Dinge tut, die strafbar sind – denn er kennt die entsprechenden Grenzen nicht mehr. Oder weil er nach und nach sozial isoliert wird – wer will es schon mit Menschen zu tun haben, die sich keinem gesellschaftlichen Konsens verpflichtet fühlen, Absprachen und Verabredungen nicht einhalten, ständig zu spät irgendwo erscheinen, keine Zugeständnisse machen, sich nicht verbindlich zeigen, nicht in Worten und ganz besonders nicht in ihren Taten? Gerade in einer Welt wie der unseren, in der man permanent mit anderen kooperiert und gemeinsam mit ihnen agiert, ist es überlebenswichtig, dass man sich aufeinander verlassen kann. Ohne dieses gemeinsame verbindliche und verlässliche Wirken ist beispielsweise keine Teamarbeit möglich und somit auch kein geschäftlicher Erfolg.

Seit Jahren beobachte ich, dass Werte wie Freiheit und Idealismus stark an Bedeutung gewinnen. Das mag gut und richtig sein. Vergessen wird aber, dass in einer arbeitsteiligen Welt diese Werte nur dann eine Daseinsberechtigung haben, wenn das beiderseitige Pflichtbewusstsein eine Renaissance erlebt. Denn genau diese altmodische Tugend ist es, die Chefs in meinen Coachings immer wieder bei ihren Mitarbeitern vermissen.

Zurück zu den Ursprüngen. Auch Sie kennen sicher die «Kinderauftritte» in Supermärkten, die besonders gern vor dem Regal mit den Süßigkeiten inszeniert werden: Ein kleines, rotgesichtiges, tränenverschmiertes Wesen wirft sich auf den Boden und kreischt ebenso mühe- wie gnadenlos alles zusammen, weil es Schokolade will und keine kriegt. Spätestens wenn die Eltern hart bleiben und den Nachwuchs weiterkreischen lassen, und zwar ungeachtet der Reaktionen der Umwelt – Sie wissen schon: «Guck mal, die lässt ihr Kind einfach schreien, wie herzlos!» oder wahlweise «Hat der seinen Nachwuchs denn nicht im Griff?» –, dann ist klar: Diese Eltern sind ganz und gar nicht kuschelig drauf. Sie setzen sich nämlich mit ihren Kindern auseinander. Sie riskieren Konflikte. Wären sie Kuscheleltern, würden sie allen Konflikten und Auseinandersetzungen aus dem Weg gehen. Weil sie das nicht tun, kommt es eben hin und wieder zu kleinen Machtkämpfen vor dem Schokoladenregal.

Kuschlern geht es immer nur um sich selbst.

Kuscheleltern passiert so etwas natürlich nicht. Die hätten ja nach dem ersten Mucks der Sprösslinge die Schokolade brav in den Einkaufswagen gepackt, weil sie keine Lust auf eine Szene haben und den Weg des geringsten Widerstands gehen. Klar: Sonst wären sie ja auch keine Kuschler. Noch eine Stufe merkwürdiger finde ich die Eltern, die man immer wieder in den Regalfluren von großen Elektronik- oder Spielzeugmärkten antrifft: Sie laufen mit dem Handy am Ohr durch die Gänge und nehmen die Order des Nachwuchses entgegen, doch auch ja die blonde Barbie mitzubringen, nicht etwa die schwarzhaarige, und natürlich dieses, aber ganz bestimmt nicht jenes Playstation-Spiel. Als wären sie die Dienstboten – so kommt mir das manchmal vor.

Ein Antrieb mag da durchaus sein, dass viele Eltern ihre Kinder als Ausstellungsstück verstehen, als Litfasssäule, als Beleg für den eigenen Erfolg, als Statussymbol. Seht her, mein Kind hat die neusten Spiele, die angesagtesten Klamotten und spielt auch noch toll Geige! Das hat es nur und macht es nur, weil wir so toll sind! Und dann ist es auch noch so wohlerzogen und vorzeigbar! Klar, da muss man die lieben Kleinen schon mal bestechen mit Computerspielen, Ausflügen in irgendeinen Amüsierpark, Fernsehen bis zum Abwinken und Schokoladenorgien im Supermarkt. Sonst merken die Sprösslinge ja vielleicht, dass sich ihre Kuscheleltern gar nicht für sie interessieren. Sondern sie nur als ein narzisstisches Objekt missbrauchen. Da haben wir es schon wieder: Kuschlern geht es immer nur um sich selbst. Niemals um ihre Kinder, ihre Mitmenschen, ihre Mitarbeiter.

Um Missverständnissen vorzubeugen: Eltern sollen, ja sie müssen mit ihren Kindern kuscheln. Körperkontakt und Nähe sind wichtig für die gesunde Entwicklung des Nachwuchses. Aber alles zu seiner Zeit und insbesondere am richtigen Ort.

Ausgekuschelte Cheferzieher

Sehen Sie der unbequemen Wahrheit ins Gesicht: Letztlich macht es keinen großen Unterschied, ob Sie Mitarbeiter führen oder Kinder erziehen. Als Eltern wie als Führungskraft haben Sie die Pflicht, Ihre Kinder bzw. Mitarbeiter «erzieherisch» so zu unterstützen, dass sie sich gut entwickeln können. Dabei werden Sie viel Arbeit mit den führungsbedürftigen Mitarbeitern haben. Die Eigenverantwortlichen benötigen – wenn überhaupt – nur punktuelle Anreize. Weder Kinder noch Mitarbeiter sind dazu da, dass sie Ihnen gute Gefühle verschaffen oder dass Sie sich mit ihnen brüsten oder Ihr Ego aufwerten können. Chefs wie Eltern sollten sich Gedanken darüber machen, wie sie die Bedingungen für ihre Mitarbeiter bzw. Kinder so beeinflussen, dass die einen wie die anderen einen Schritt nach vorne machen können. Diese Botschaft würde ich gerne so manchem Kuschler an die Tür seines Chefbüros nageln.

Und noch etwas: Chefs haben viele Aufgaben – aber ganz gewiss nicht die, Schutzschilde zu sein und die faulen Eier abzufangen, die eigentlich ihre Mitarbeiter abkriegen sollten! Wer ein guter, ausgekuschelter Chef ist, der stellt sich nicht vor seine Mitarbeiter, sondern hinter sie. Dort kann er ihnen nämlich den Rücken stärken. Und er kann noch etwas tun: ihnen den Fluchtweg abschneiden. Nette Doppelfunktion, oder?

Mitarbeiter erziehen – das ist so ungefähr das Letzte, was Sie anstreben? Schließlich sind Sie Chef und keine Kindergartentante? Tja, Pech. Eine Führungskraft kann nämlich ziemlich schnell in die Rolle eines Erziehers geraten: immer dann, wenn sie Mitarbeiter hat, die aus ihrer bisherigen Biografie Defizite mit sich herumschleppen. Weil der Ausgleich dieser Defizite aber nun mal Voraussetzung dafür ist, dass der Mitarbeiter die erforderliche Leistung bringen kann – was wiederum nicht nur für den Chef, sondern auch für den Mitarbeiter selbst immens wichtig ist –, muss die Führungskraft eben ran. Dass das mitunter keinen Spaß macht, ist klar. Es ist aber notwendig. Sonst bringt der Mitarbeiter nicht die erforderliche Leistung. Ganz schön verwegen, diese Behauptung – das entgegnen mir die meisten Menschen, mit denen ich darüber spreche. Wer will schon der Erzieher seiner Mitarbeiter sein! Politisch korrekt ist es auch nicht gerade, so etwas zu proklamieren. Aber ganz schön ausgekuschelt, da können Sie sicher sein. Auch wenn Sie jetzt vielleicht mit aufgerichteten Nackenhaaren dasitzen und denken, dass Sie überhaupt kein Recht dazu haben, auf Ihren Assistenten erzieherisch einzuwirken, sage ich Ihnen: Doch, das haben Sie. Denn Ihr Assistent hat mit seinem Verhalten seine ihm zur Verfügung stehenden Mittel und Möglichkeiten eingesetzt, um Ihnen deutlich zu signalisieren, dass sein Sozialisierungsprozess nicht ganz erfolgreich verlaufen ist, oder etwa nicht? Wenn er zum Beispiel nicht in der Lage ist, für Fehler einzustehen, die er gemacht hat, sondern die unbearbeiteten Präsentationsunterlagen lieber der Kollegin in die Schuhe schiebt, dann signalisiert er eindeutig: «Hilf mir bitte, lieber Chef! Ich habe hier ein Defizit! Könntest du mir bei dessen Abschaffung beistehen? Könntest du da noch ein bisschen nacherziehen?» Und wenn Sie jetzt immer noch nicht glauben, dass Sie als Chef das Recht haben, Ihre Mitarbeiter zu erziehen, dann frage ich Sie: Mit welchem Recht stellen sich dann tagtäglich Tausende von Lehrerinnen und Lehrern hin und erziehen unsere Kinder? Weil sie einen pädagogischen Auftrag haben. Und genau den haben Sie auch. Solange er noch nicht erfüllt ist und Ihre Mitarbeiter noch keine reifen, erwachsenen und eigenverantwortlichen Menschen sind, so lange ist es Ihre Pflicht, diese Defizite zu beheben. Mehr noch: Wenn Mitarbeiter nicht ausreichend sozialisiert sind, dann haben Sie sogar die gesellschaftliche Pflicht dazu.

Hören Sie auf zu kuscheln und erziehen Sie Ihre Mitarbeiter!

Sehen Sie's einfach so: Ein Mitarbeiter möchte natürlich in erster Linie seine Aufgabe gut machen und zu seinem, Ihrem und des Unternehmens Wohl einen Teil beitragen. Wenn da nicht dieser eine wunde Punkt wäre, dieser eine blinde Fleck, der ihn davon abhielte. Wenn Sie ihm das nicht sagen – dann verhindern Sie Fortkommen und Entwicklung nicht nur für den Mitarbeiter, sondern automatisch auch für Sie selbst und für das Unternehmen. Und wenn Sie es nicht tun – ihn erziehen – bliebe ja nur noch, ihn rauszuschmeißen. Wollen Sie das? Natürlich nicht. Also hören Sie auf zu kuscheln, und erziehen Sie ihn, indem Sie ihm Feedback geben. Nur dann bekommt er die Chance, sein Verhalten abzustellen.

Keine zarte Versuchung

Kehren wir zurück in die Bank am Paradeplatz in Zürich. Was ist da eigentlich los? Warum musste Abteilungsleiter Zimmermann seinen Teamleiter Herrn Keller so zusammenfalten? Das kam so:

Eines Tages erhält Herr Keller einen Anruf seines Kunden Herrn Gerber. Dessen Anliegen ist weder kompliziert noch außergewöhnlich: Er hätte gerne, dass die Bank die Finanzierung seiner Villa in bester Lage mit Blick auf den Zürichsee umschuldet und wünscht dazu ein Angebot. Herr Keller hat erstens einen vollgepackten Terminkalender und ist zweitens ziemlich genervt, denn so ganz geheuer ist ihm Herr Gerber nicht. Er macht dubiose Geschäfte in irgendwelchen rechtlichen Grauzonen, die keiner so ganz durchschaut. Außerdem ist er ihm menschlich, aber auch persönlich einfach zuwider.

Weil das aber alles nichts nützt, verspricht Herr Keller dem Kunden, dass er innerhalb dreier Tage das gewünschte Angebot auf dem Tisch hat. Drei Tage – das ist auch die Frist, die die Richtlinien der Bank für solche Angebote vorsehen.

In den folgenden Stunden und Tagen wird Herr Keller vom hektischen Tagesgeschäft förmlich überrollt. Ein Meeting jagt das andere, er führt einige Mitarbeitergespräche und bereitet eine wichtige Vertriebspräsentation vor – und vergisst das Angebot für Herrn Gerber. Der findet das gar nicht komisch und ruft fünf Tage später wieder in der Bank an. Leider erreicht er Herrn Keller nicht persönlich, sondern dessen Mitarbeiterin, Frau Schmidt. Sie ist eine sehr nette, charmante und verständnisvolle junge Dame, die es mühelos schafft, Herrn Gerber wieder zu besänftigen. Sie verspricht Herrn Gerber, dass sie sich umgehend um diesen Vorgang kümmern wird. Anschließend informiert sie sofort Herrn Keller. Der sitzt gerade an seiner Vertriebspräsentation, hört Frau Schmidt nur mit halbem Ohr zu und brummelt unwirsch: «Ja, ist ja schon gut, ich kümmere mich darum.»

Was jedoch geschieht, ist exakt nichts. Und zwar eine weitere ganze Woche lang. Wieder ruft ein erzürnter Herr Gerber an – dieses Mal jedoch nicht beim Teamleiter Herrn Keller oder dessen charmanter Mitarbeiterin, sondern gleich beim Abteilungsleiter Herrn Zimmermann. Sein Ton ist deutlich schärfer. Er steckt dem Abteilungsleiter auch gleich, dass er mit dem Herrn Keller definitiv nichts mehr zu tun haben will, sondern ab sofort nur noch mit der reizenden Frau Schmidt verhandelt. Herr Zimmermann versteht natürlich nur Bahnhof und schickt Herrn Keller eine interne Notiz, dass er sich bitte weisungsgemäß um seinen Kunden kümmern solle. Aber Keller kriegt es immer noch nicht geregelt. Zwei Tage später reißt Herrn Gerber endgültig der Geduldsfaden. Er lässt sich direkt mit dem Vertriebsvorstand verbinden und macht ihm eine Szene: «Hören Sie mal, was ist denn bei Ihnen los? Wofür bezahle ich eigentlich seit zwanzig Jahren horrende Zinsen? Sorgen Sie endlich dafür, dass ich mein Angebot auf den Tisch bekomme! Sonst können Sie ein blaues Wunder erleben! Sie wissen genau, über welche Kontakte ich verfüge und dass es mich exakt einen Anruf kostet und Sie bekommen Schwierigkeiten!»

Der Vorstand weiß nicht, wie ihm geschieht. Um Dampf abzulassen, ruft er erst einmal den Vertriebsleiter an – der nun überhaupt keine Ahnung von diesem Vorgang hat, weder den Kunden noch den Teamleiter Keller je zu Gesicht bekommen. Dafür muss er sich jetzt das Gebelle des Vertriebsvorstands anhören: «Sorgen Sie dafür, dass da endlich Ruhe herrscht! Ich will davon nichts mehr hören!» Der Vertriebsleiter ist stinksauer. Wie steht er denn jetzt da? Als einer, der seinen Laden nicht im Griff hat? Na klasse!

Seit wann bestellen eigentlich Kunden ihre Kundenbetreuer?

Sofort greift er zum Telefonhörer und ruft den Abteilungsleiter Herrn Zimmermann an. «Hören Sie mal, Zimmermann, so geht das nicht! Warum sind Sie eigentlich nicht in der Lage, Ihre Leute so zu führen, dass die Kunden anständig bedient werden? Außerdem halte ich es für das Beste, wenn Sie dem Keller diesen Fall entziehen. Soll sich doch seine Mitarbeiterin um den Kunden kümmern. Außerdem wünscht Herr Gerber das so. Also kriegt er Frau Schmidt zugeteilt, das besänftigt ihn vielleicht wieder.»

Du lieber Himmel! In diesem Laden wimmelt es ja von Kuschlern! Selbst der Vertriebsleiter gehört dazu – und will sich lieber schützend vor seinen Mitarbeiter Herrn Keller werfen als den Platz einnehmen, der ihm eigentlich zusteht.

Auch Herr Zimmermann ärgert sich. Warum schafft Herr Keller eigentlich die simpelsten Aufgaben nicht? Und was fällt dem Vertriebsleiter überhaupt ein, sich in Dinge einzumischen, die erstens nicht in seine Zuständigkeit fallen und ihn zweitens überhaupt nichts angehen? Ihn anzuweisen, welche Mitarbeiter er mit welchen Aufgaben betraut – das grenzt doch an Unverschämtheit! Und dieser Gerber – also mal ganz ehrlich: Seit wann bestellen eigentlich Kunden ihre Kundenbetreuer? Welches Druckmittel hat dieser zwielichtige Kerl da bloß in der Hand, dass sämtliche Bankvorstände vor ihm kuschen? Und da kommt er genau auf die richtige Spur, der Herr Zimmermann. Er weiß nämlich, wo es langgeht.

Nachdem sein erster Zorn verraucht ist, überlegt Abteilungsleiter Zimmermann also etwas kühler und genauer. Natürlich könnte er den Anweisungen seines Vertriebsleiters einfach Folge leisten, Frau Schmidt bitten, die Betreuung des Kunden zu übernehmen und endlich das Angebot zu schreiben. Das wäre vermutlich der bequemste Weg. Die kuscheligste Herangehensweise. Eine zarte Versuchung. Aber der Herr Zimmermann ist ausgekuschelt. Er hat es nicht so mit zarten Versuchungen. Er mag es lieber deftig. Und genau deshalb sieht er überhaupt nicht ein, warum der Herr Keller die Suppe, die er sich da eingebrockt hat, nicht selbst auslöffeln sollte. Denn das müsste er nicht, würde Frau Schmidt sich nun um den Kunden kümmern. Mal ganz davon abgesehen, dass Frau Schmidt noch nicht die Standhaftigkeit hat, um mit einem Kunden à la Gerber umzugehen: Herr Zimmermann kommt zu dem Schluss, dass er sich nicht schützend vor seinen Teamleiter Herrn Keller stellen und ihm einen unangenehmen Gang ersparen wird, den er nur seiner eigenen Schludrigkeit zu verdanken hat – nämlich den zum Kunden Gerber mit der Erklärung im Gepäck, warum das Angebot für die Umschuldung der Villa erst mit drei Wochen Verzögerung kommt. Herr Zimmermann bestellt also Herrn Keller in sein Büro. Den Rest kennen Sie.

Angenehm kaltes Wasser

Denken Sie immer noch, dass Herr Zimmermann die Situation auch anders hätte lösen können? Indem er sich seinem Teamleiter ganz verständnisvoll und menschlich genähert hätte, etwa so: «Ich bin wirklich enttäuscht von Ihnen, Herr Keller. Sie können doch Ihre Kunden nicht einfach so vertrösten und sie dann im Regen stehen lassen?» Das halten Sie für einen besseren Weg? Dann kuscheln Sie noch ein bisschen weiter! Emotionalität hat nämlich in der Beziehung zwischen Herrn Zimmermann und Herrn Keller meiner Ansicht nach nichts zu suchen. Wer auf sie setzt, hat's nötig. Und er ist von konsequenter Führung noch Lichtjahre entfernt. Emotionalität verkompliziert nur das Thema. Denken Sie einfacher und benennen Sie den Kern der Situation: Der Teamleiter hat sich ein Problem eingehandelt, also muss er es auch lösen. Er hat dem Kunden ein Angebot versprochen und muss es auch liefern. Das ist der Deal – und das hat nichts mit Bestrafung oder Sanktionen zu tun. Es ist einfach sein Job. Nicht mehr und nicht weniger. Damit Teamleiter Keller seinen Teil des Deals gut erfüllen kann, gibt Herr Zimmermann ihm noch einige Hinweise. Denn seiner Ansicht nach wird die Umschuldung bei Herrn Gerber nicht einfach so funktionieren – zumindest nicht ohne zusätzliche Sicherheiten. Das Depot sollte er also um etliche Franken aufstocken.

Ein Helfersyndrom befällt nämlich nicht nur Sozialarbeiter und Pflegepersonal – auch Führungskräfte legen sich gerne mal eins zu.

Ein halbes Jahr später: Sämtliche Wogen sind geglättet. Die Umschuldung fand wie von Herrn Gerber gewünscht statt, nachdem er zusätzliche Sicherheiten gestellt hatte. Er lässt sich ganz zahm von Herrn Keller bedienen, etwaige Beschwerden richtet er an den Abteilungsleiter Herrn Zimmermann – das haben Herr Keller und Herr Zimmermann so vereinbart. Herr Keller befindet sich wieder auf der Bahn. Er habe eine sehr wichtige Erfahrung gemacht, berichtet er Herrn Zimmermann im Mitarbeitergespräch: Er sei zwar ins kalte Wasser geworfen worden, aber er, sein Chef, sei am Ufer stehen geblieben und habe ihn von dort aus unterstützt. Da hat er ja Glück gehabt, oder? Denn genau so soll sie sein, eine konsequente und ausgekuschelte Führung. Oder Erziehung – wie Sie wollen.

Führungskräfte mit Helfersyndrom

Warum stellen sich eigentlich nicht mehr Chefs hinter ihre Mitarbeiter – das ist eine Frage, die sich mir immer wieder aufdrängt. Oder anders gefragt: Warum ist dieses kindische und unprofessionelle Verhalten, das Herr Keller hier an den Tag gelegt hat, so verbreitet in den Unternehmen? Die Antwort ist nicht einfach. Solche Konstellationen entstehen immer im Zusammenwirken von Mitarbeiter und Führungskraft. Wenn ein Mitarbeiter an irgendeiner Stelle gedanklich nicht weiterkommt, seine Arbeit nicht ordentlich erledigen kann, Schwierigkeiten im Umgang mit Kunden hat etc., dann macht er oft die Erfahrung, dass sein Chef sich helfend und schützend vor ihn stellt. Ein Helfersyndrom befällt nämlich nicht nur Sozialarbeiter und Pflegepersonal, nein, auch Führungskräfte legen sich gerne mal eins zu. Und Mitarbeiter haben sehr viel Erfahrung, Routine und Kreativität darin, sich dieses Helfersyndrom zunutze zu machen. Sie sprechen den Helfer im Chef ganz gezielt an, indem sie ihm signalisieren: »Du bist doch der Chef, du bist doch *mein* Held! Also rette mich!«

Das Bild eines Chefs, der seine Mitarbeiter vor allen Angriffen und Anwürfen der harten Businesswelt schützt und bewahrt, das ist wirklich zu schmeichelhaft. Wer wäre nicht gern ein solcher Herkules? Da fühlt man sich als Führungskraft gleich noch ein Stück größer, wahrlich göttergleich. Deswegen sind auch so viele Chefs von einer Hybris befallen und denken, dass ohne sie nichts mehr läuft. Und sie kriegen es jeden Tag von ihren Mitarbeitern bestätigt, die ständig nach Hilfe greinen. Da muss der Chef ran! Ohne den geht's nun mal nicht! Und so wird dieses System – bestehend aus helfersyndromgeplagtem Chef und unerzogenem Mitarbeiter – zu einem sich selbst erhaltenden und stabilisierenden System, das sich jeden Tag wie ein lieb gewonnenes Ritual reproduziert.

Der Punkt ist: Ein Helfersyndrom entwickelt nur einer, der sich von der Anerkennung und der Dankbarkeit anderer abhängig macht. So jemand schleppt allerdings wiederum ein Defizit mit sich herum. Es geht ihm mit seinem Verhalten nicht um die anderen oder um das Unternehmen, sondern lediglich um Bestätigung seines eigenen schwachen Selbst. Er will selbst der unerschrockene Held sein und als Chef glänzen. Sich im Licht seiner Erfolge sonnen und gleichzeitig von seinen Mitarbeitern dafür gelobt und geliebt werden. Der wirft sich dann auch schon mal völlig ungefragt vor seine Mitarbeiter, zum Beispiel unter dem Deckmäntelchen der Einarbeitung. Ein Kuschelchef würde niemals einen neuen Mitarbeiter allein zu einem Erstgespräch mit einem als schwierig verrufenen Kunden schicken. Das käme überhaupt nicht in die Tüte! Eine solche Chance zur Selbstdarstellung ungenutzt verstreichen zu lassen – das geht gar nicht! Und so marschiert denn der Chef flott vorneweg, setzt den neuen Mitarbeiter auf das Stühlchen neben sich und läuft zur Hochform auf im Kundengespräch. Er will ja seinem neuen Mitarbeiter etwas zeigen und ihm helfen, sich im neuen Job zurechtzufinden! Dabei signalisiert er ihm lediglich eines: Du hast weder den Mut noch die Kompetenz, diese Aufgabe hier alleine zu bewältigen.

Machen wir uns nichts vor: Solchen Chefs geht es überhaupt nicht darum, ihren Mitarbeitern zu helfen und die Beziehung zu ihnen zu stärken. Es geht ihnen darum, Achtung, Aufmerksamkeit und Zuwendung zu bekommen. Der Chef steht auf dem Podest – das zählt. Denn natürlich schafft er es, dem schwierigen Kunden das erste Mal in diesem Jahrzehnt einen Vertragsabschluss abzuringen, keine Frage. Deswegen ist er ja der Boss. Glaubt er.

Die Zeiten, in denen er sich bei Schwierigkeiten hinter einem heldenhaften Chef verstecken konnte, sind vorbei.

Übrigens: Sich hinter seinen Mitarbeiter stellen heißt nicht, dass die Beziehungsebene komplett ausgeblendet werden muss. Herr Zimmermann hat das wunderbar demonstriert: Er erspart es Herrn Keller zwar nicht, sich einer unangenehmen Situationen zu stellen, aber er versorgt ihn mit allen Informationen und gibt ihm jegliche Unterstützung, die er braucht, um diese Situation gut zu meistern. Hart und unnachgiebig in der Sache, aber empathisch und unterstützend in der Durchführung. Wer das auch immer wieder schön demonstriert hat, war Captain Jean-Luc Picard, kommandierender Offizier des Raumschiffs Enterprise in der Science-Fiction-Fernsehserie »Raumschiff Enterprise: Das nächste Jahrhundert«. Wer ihn kennt, erinnert sich bestimmt an die Szenen, in denen

Captain Picard irgendwelche Besatzungsmitglieder zu sich zitiert, denen er einen Rüffel erteilen will. Er steht auf, zieht sein Oberteil faltenfrei und beschreibt ganz nüchtern und formal die Fakten, erläutert die Konsequenzen, die daraus erwachsen, und lässt das Besatzungsmitglied dann wieder abtreten. So rüffelt er beispielsweise Lt. Commander Geordi La Forge: «Sie haben meinen ausdrücklichen Befehl missachtet. Das ist inakzeptabel. Sie haben dadurch einen interstellaren Konflikt herbeigeführt. Um einen Eintrag in Ihre Personalakte kommen Sie nicht herum. Darüber hinaus wird das Sternenflottenkommando einen Überwachungstrupp schicken. Abtreten!»

Bevor der aber die Tür erreicht, spricht er ihn noch einmal an, dieses Mal aber mit Vornamen: «Geordi, ich habe Verständnis für Ihre Gefühle. Doch wenn diese dazu führen, dass Sie sich selbst und die Crew in Gefahr bringen, werde ich das verhindern. Im Interesse der Föderation, aber auch in Ihrem Interesse. Sie sind mir wie ein Freund ans Herz gewachsen. Mir macht es keine Freude, so mit Ihnen umzugehen. Ich wünsche mir sehr, dass Sie das abstellen. Um Ihren Gefühlen Rechnung zu tragen, habe ich mir überlegt, dass wir ...» Captain Picard ist eine echte und ausgekuschelte Führungskraft: Auf einer sachlichen Ebene kommuniziert er klar und deutlich, dass er sein Gegenüber nicht aus der Verantwortung entlässt. Auf einer Beziehungsebene jedoch signalisiert er ebenso klar und eindeutig: Ich habe dich zwar ins kalte Wasser geworfen, doch auch wenn du jetzt allein schwimmen musst: Ich bin am Beckenrand und gebe dir alle Unterstützung, die du brauchst! Der große Vorteil einer solchen, zwar emotionalen, aber nicht kuschelig-, sondern gesund-emotionalen Beziehung ist, dass eine Führungskraft ihren Mitarbeiter ganz anders ansprechen kann: unbelastet von Stress und Konflikten und immer noch genügend «Nestwärme» vermittelnd – weil die zwischenmenschliche Basis stimmt. Der Mitarbeiter weiß, dass der Chef ihm so allerhand zutraut. Und weil der Chef es ihm zutraut, kann er die Leistung auch bringen. Das sorgt für Rückhalt. Und für Gefolgschaft im besten Sinne.

Des Kellers Kern

Wer als Führungskraft also in einem ausgekuschelten Modus agieren will, der muss sich vor allem dieser unbequemen Wahrheit stellen: Selbst wenn die eigenen Mitarbeiter ein gewisses Alter erreicht haben, heißt das noch lange nicht, dass sie nicht mehr erziehungsbedürftig sind. Wer seinen Job nicht ordentlich macht, wer – durch schlechte Arbeitsergebnisse oder Kundenbeschwerden weithin sichtbar – keine Verantwortung für sein Tun und Unterlassen übernimmt, der ruft nach Erziehung durch den Chef. Und der Chef muss dieser Aufgabe nachkommen, den Mitarbeiter immer wieder daran erinnern, Verantwortung zu übernehmen, und ihn nicht durch irgendein Schlupfloch entkommen lassen. Ließe er ihn entkommen, stünde er nicht hinter ihm. Im Umkehrschluss heißt das immer: Verhält sich ein Mitarbeiter verantwortungslos gegenüber seinen Kollegen, den Kunden oder dem Unternehmen, dann ist sofort eines klar: Der Chef ist kein Chef, sondern ein Kuschler in der Komfortzone.

Ein echter Chef gehört also hinter den Mitarbeiter und nicht vor ihn. Ziel der Übung: Der Mitarbeiter erkennt, dass es nur nach vorne geht –, denn hinter ihm steht sein Chef, der einen Rückzug verhindert, ihn aber gleichzeitig unterstützt, damit er nach vorne den starken Mann geben kann. Die Zeiten, in denen er sich bei Schwierigkeiten hinter einem heldenhaften Chef verstecken konnte, sind vorbei.

Für Sie als Chef jenseits der Komfortzone gilt es, einen klaren Blick auf die jeweilige Situation zu richten und zu erkennen, welche Folgen das Verhalten Ihres Mitarbeiters hat. Denken Sie an Herrn Zimmermann in der Bank am Paradeplatz. Er hatte sich Herrn Kellers Spirenzchen eine ganze Weile angeschaut, doch irgendwann kam er an einen Punkt, an dem er feststellte: Wenn ich jetzt nichts unternehme, dann bekommt Herr Keller eine Bestätigung dafür, dass es sich lohnt, unangenehme Dinge so lange vor sich herzuschieben oder auszusitzen, bis ein anderer sie übernimmt. Das wollte Herr Zim-

mermann verhindern, und er brachte Herrn Keller dazu, den Schaden, den er angerichtet hatte, auch selbst zu beseitigen. Und genau
darum geht es. Um ein klares Denken, das sich gerade aufgrund seiner Einfachheit an den Kern der Sache herantastet. Um Ursache und
Wirkung. Um Aktion und Reaktion. Wer etwas vergeigt, bringt es
wieder in Ordnung. Punkt.

Sicher: Im hektischen Berufsalltag verliert man leicht mal den
Überblick. Und reagiert etwas kopflos, wenn man eine militärisch
angeordnete Weisung von oben bekommt – so wie sie Herr Zimmermann vom Vertriebsleiter um die Ohren gehauen bekam. Aber
Herr Zimmermann hatte sich besonnen – klug, unkompliziert und
mit gesundem Menschenverstand. Das Ergebnis: Er «erzog» den
Kunden – nämlich dazu, sich mit seinen Beschwerden an die tatsächlich zuständige Person zu wenden und nicht gleich beim Vorstand aufzulaufen. Und er «erzog» seinen Mitarbeiter, indem er es
ihm nicht ersparte, sich aus der Situation, in die er sich selbst hin-
einmanövriert hat, auch wieder zu befreien. Dass er ihm dabei aber
die Hand reichte und ihm aufzeigte, wie er sich aus dieser miss-
lichen Lage wieder befreien kann – das bewies Führungsqualität.
Und Herr Keller konnte ganz nebenbei erfahren, was echte Professionalität im Beruf bedeutet.

Kapitel 7

Nachsichtige Chefs beweisen nicht Größe, sondern verschwenden Geld

Warum undisziplinierte Mitarbeiter ein Recht auf harte Sanktionen haben

Hochspannung in der 89. Minute. Der Stürmer der gegnerischen Mannschaft verschenkt die Chance zum entscheidenden Ausgleichstreffer. Am Sieg des Gastgebers ist nicht mehr zu rütteln. Die einen singen und tanzen, die anderen weinen und liegen sich in den Armen: Fußballstadien sind Schauplätze großer Emotionen. Hier werden menschlich-soziale Grundbedürfnisse gestillt. Früher hießen sie Wildparkstadion, Waldstadion, Frankenstadion, Volksparkstadion. Diese Namen waren nicht einfach nur Namen – sie waren Legenden, Platzhalter für die ganz großen Gefühle. Heute tragen diese Stadien so unglaublich glanzvolle Namen wie Commerzbank Arena, easyCredit-Stadion, Signal Iduna Park, SAP Arena, Playmobil-Stadion oder Allianz Arena.

Haben Sie sich jemals gefragt, ob da vielleicht ein tieferer Zusammenhang besteht? Oder ist es Zufall, dass da, wo gejubelt und gefeiert wird, Unternehmensnamen stehen? Vielleicht gilt umgekehrt, dass Unternehmen heute die Orte sind, in denen Emotionen ausgelebt werden. Wie auch immer: Manchmal habe ich den Eindruck, dass die Benennung von Fußballstadien nach Unternehmensnamen durchaus symptomatisch ist. Und zwar für die Verlagerung zwischenmenschlicher Bedürfnisse in Unternehmen hinein. Was man in früheren Zeiten in anderen Gruppierungen – wie Großfamilien, religiösen Vereinigungen oder politischen Bewegungen – gefunden und an sozialen Defiziten kompensiert hat, müssen heutzutage die Unternehmen ausgleichen. Und in erster Linie der Chef, versteht sich. Schließlich verbringt man mit ihm die meiste Zeit seines Erwachsenenlebens.

Deshalb muss so ein Chef nicht mehr und nicht weniger als omnipotent sein: nicht nur Beichtvater und Sozialpädagoge, sondern auch Kommunikationstrainer, Motivationsguru, Richter, Hellseher, selbstverständlich megaerfolgreich und zudem allwissend wie die Online-Enzyklopädie Wikipedia. Beichtvater? Sozialpädagoge? Was heißt das nun schon wieder? Ganz einfach. Ein Chef soll Beichtvater sein, denn man möchte ihm alle Sünden – sprich: Fehler, die man im Geschäftsalltag gemacht hat – beichten dürfen und Absolution dafür bekommen. Aber ohne zwanzig Vaterunser im Nachgang, versteht sich. Beichte ohne Buße. Der Chef erfüllt dann die Rolle, die früher einmal die Religion übernommen hat. Der Knackpunkt: Die Beichte ohne Buße funktioniert nicht. Weder in der Religion noch im Job. Aber dazu später mehr.

Und deshalb muss so ein Chef nicht mehr und nicht weniger als omnipotent sein.

Der Chef als Sozialpädagoge – auch das hätten viele Mitarbeiter gern. Und viele Chefs bedienen diese Erwartung. Mit ihnen kann man einfach über alles reden. Reden entlastet emotional ungemein. Reden gestaltet Beziehung. Und führt oft zu nichts. Das permanente Gelaber erreicht höchstens eins: dass Reden im betrieblichen Alltag irgendwann als Zeitverschwendung angesehen wird und somit keinen Wert mehr darstellt. Übrigens: Meetings sind oft genug von ergebnislosem Reden geprägt. Immer nach dem Motto: Gut, dass wir mal darüber gesprochen haben. Laut etlicher Umfragen empfinden Manager mindestens die Hälfte der Meetings, an denen sie teilnehmen, als ineffizient, chaotisch, unprofessionell, sprich: überflüssig.

Es gibt noch weitere Rollen, die ein Chef in den Augen seiner Mitarbeiter erfüllen muss. Kommunikationstrainer soll er beispielsweise sein. Einer, der den Mitarbeitern nicht nur beibringt, wie sie untereinander angemessen kommunizieren, sondern ihnen auch noch einen Leitfaden an die Hand gibt, wie sie beispielsweise ihre Arbeitsergebnisse den Kunden oder der Öffentlichkeit schmackhaft machen. Wenn also einer ein glänzender Analytiker, aber dummerweise nicht in der Lage ist, seine Erkenntnisse so darzustellen, dass auch ein Außenstehender sie kapiert, dann muss der Kommunikationstrainer-Chef ran. Und das kompensieren, was der Mitarbeiter nicht auf die Reihe kriegt. Herzlichen Dank auch!

Auch immer wieder gerne genommen: der Chef als Motivationsguru. «Führe mich in das gelobte Land!» – heißt der Auftrag an den Chef, oder: «Lehre mich, über das Wasser zu gehen!» Jeden einzelnen Tag soll der Chef seinem Mitarbeiter das Gefühl vermitteln, dass es das Allererfüllendste ist, für dieses großartige Unternehmen zu arbeiten, auf dessen Gehaltsliste er steht. Denn leider, leider reicht die Motivationshalbwertszeit der letzten Gehaltserhöhung nur maximal drei Monate. Danach soll dann der Chefmotivator wieder das kompensieren, was seinem Mitarbeiter längst abhanden gekommen ist: Orientierung und Sinn. Der Haken an der Sache: Wenn einer in sich keine Orientierung und Verankerung, keinen Sinn und keine Motivation für das verspürt, was er da tagtäglich tut, nützt es auch nichts, wenn es von außen kommt.

Wofür hat man schließlich einen Chef? Der wird's schon wissen.

Noch eine Rolle: der Chef als Richter. Allen soll er es recht machen. Konflikte unter seinen Schäfchen schlichten. Er ist die personifizierte Gerechtigkeit, ohne Fehl und Tadel. Dafür darf er sich gerne in die Gefahr begeben, sich selbst die Finger schmutzig machen. Das kratzt die Mitarbeiter wiederum gar nicht.

Den Hellseher – nicht zu vergessen. Übersinnliche Fähigkeiten muss ein guter Chef natürlich auch aufweisen. Um Entscheidungen mit unsicheren oder unbekannten Faktoren zu treffen, ist eine hellseherische Begabung durchaus nützlich. Und Entscheidungen treffen muss ein Chef nun mal, und zwar ständig. Dass die Faktoren unsicher oder unbekannt sind – daran haben allerdings die Mitarbeiter einen ziemlich hohen Anteil. Sie tragen permanent zum Informationsmangel bei, denn ihr Lieblingsspiel ist bekanntlich «Stille Post». Und das geht so: Auf einer der unteren Ebenen tut sich etwas. Das wird an die nächste Ebene weitergegeben, etwas abgeschwächt und beschönigt in der Aussage, versteht sich, damit der Überbringer der Nachricht nicht in einem schlechten Licht dasteht. So geht das immer weiter, bis irgendwann beim Chef die Botschaft ankommt: Alles im grünen Bereich, das Ding läuft nach Plan! Und auf Basis dieser Informationen soll der Chef dann eine zukunftsweisende und kluge Entscheidung treffen, die dem Wohl aller dient. Schon klar, warum er eigentlich ein Hellseher sein muss. Nur ein – allerdings sehr drastisches – Beispiel hierzu: Erinnern Sie sich an das Challenger-Unglück vom 28.1.1986? Es war der zehnte und letzte Flug der Raumfähre Challenger. Nur 73 Sekunden nach dem Start explodierte die Raumfähre. Alle sieben Astronauten kamen ums Leben. Unglücksursache waren schadhafte Dichtungsringe in den Feststoffraketen – dieses Problem war jedoch allen Beteiligten bekannt, und zwar schon lange. Auf oberster Managementebene wurde dennoch die Entscheidung zum Start getroffen – da, wo eben nun mal keine Hellseher sitzen.

Fast hätte ich ihn vergessen – den Chef als Wikipedia. Allwissend. Jederzeit auf dem neusten Stand der Forschung. Mit Kenntnissen zu den absurdesten Details ausgestattet. Damit ein Mitarbeiter ja nicht in die Verlegenheit kommt, seinen eigenen Grips einsetzen zu müssen. «Der Chef weiß alles, frag doch den!» Und wenn er es nicht weiß? Dann ist er sofort unten durch und nicht mehr anerkannt als Führungskraft. Dabei ist ein solches Verhalten ganz alte Schule, das können Sie mir glauben. Früher wurden diejenigen zu Führungskräften befördert, die tatsächlich am meisten wussten. Heute allerdings werden diejenigen zu Führungskräften, die am besten führen können. So sollte es zumindest sein, oder? Es ist also nicht mehr nötig, alles zu wissen. Man muss nur wissen, wo es steht oder wer über das Wissen verfügt. Und diese Kompetenz sollte idealerweise an den Hochschulen und Universitäten vermittelt werden. Das ist eine Kernkompetenz. Leider wird sie oft vernachlässigt. Aber macht ja nichts – wofür hat man schließlich einen Chef? Der wird's schon wissen.

Hauptabteilung Aufklärung

Vom weich gespülten Sozialarbeiter bis zum kraftstrotzenden Alphatier – ein ganz schönes Spektrum, das der Chef da in jeder Minute seiner Arbeitszeit abdecken soll, oder? Und das alles, damit sich ein Mitarbeiter optimal wohlfühlt. Gehätschelt und getätschelt wird. Mit Samthandschuhen angepackt. Konsequenzen oder gar Sanktionen für irgendwelche Fehler? Das geht gar nicht. Wer Sanktionen verhängt, ist schließlich autoritär und damit absolut von gestern. Verstehen Sie mich nicht falsch. Das hier wird kein Aufruf zu mehr Autorität auf den Chefetagen! Verwechseln Sie bitte nicht Autorität mit Klarheit! Wer autoritär ist, macht lediglich Ansagen und lässt den Mitarbeitern keinerlei Handlungsspielraum. Klarheit hingegen heißt: Ich, als Chef, schaue genau hin. Und wenn mir etwas nicht gefällt, dann sage ich das dem Mitarbeiter und fordere, dass dieser Zustand geändert wird.

Die für diesen Fall einzige Rolle, die ein Chef ausüben sollte, ist die eines Aufklärers. Er muss Irrtümer aufklären. Seine Mitarbeiter dürfen nicht dem Irrtum unterliegen, dass sie die Verantwortung für sich und die korrekte Ausführung ihres Jobs einfach an den Chef abgeben können. Ein Chef muss Aufklärer sein! Nicht Richter, Sozialarbeiter, Wikipedia, Hellseher, Motivationsguru oder was auch immer. Und wer sich hier nachsichtig zeigt – sprich: bei Fehlverhalten des Mitarbeiters nicht sofort einschreitet –, macht einen großen Fehler, der sich nicht so schnell wieder ausbügeln lässt. Nachsichtig ist fehlsichtig ist wegsichtig.

Ich habe es an anderer Stelle bereits gesagt: Wer als Chef den omnipotenten und allzeit nachsichtigen Helden geben will, der ist ein Kuschler. Der hat es nötig, sich in seiner eigenen Großartigkeit zu sonnen. Ganz und gar unkuschelig ist es dagegen, sich vor seine Mitarbeiter stellen und ganz ehrlich und konsequent zu sagen: «Ich bin weder großartig noch omnipotent. Ich bin kein Beichtvater, kein Seelsorger, kein Richter, kein Motivationsguru und erst recht nicht allwissend. Ich kann und will diese Rollen nicht erfüllen. Schon gar nicht in Personalunion. Das geht schlichtweg nicht. Und ich sag' Ihnen noch etwas: Ihre Ansprüche an mich – die skizzieren keine normale Beziehung zwischen zwei Individuen, sondern einen Irrweg. Ich bin ein ganz normaler Mensch mit ganz normalen Stärken und Schwächen – wie Sie auch.»

Haben Sie es gemerkt? Genau an dieser Stelle ist er – der nächste entscheidende Punkt: Auch Mitarbeiter sind Menschen mit Stärken und Schwächen. Und deswegen sollten sie mit Demut und Respekt behandelt werden. Sie haben richtig gelesen. D-e-m-u-t. Mitarbeiter sind Menschen. Und keine Maschinen. Der Einfluss, den man als Chef auf seine Mitarbeiter hat, ist sehr begrenzt. Das gilt es in Demut anzuerkennen,

Führung als Manipulation funktioniert nun mal nicht.

anzunehmen und zu respektieren. Ich habe oft den Eindruck, dass die Manager der jungen Generation zwar fachlich exzellent ausgebildet, dafür jedoch sozial verarmt sind. Sie glauben, dass sie ein Unternehmen und die in ihm arbeitenden Menschen mit Zahlen, Daten und Fakten lenken können. Menschen in einer Organisation funktionieren allerdings nicht nach diesem rationalen Muster. Viele Führungskräfte vergessen dies jedoch ebenso regelmäßig wie hartnäckig. Hierzu nur ein kleines Beispiel, das sicherlich viele von Ihnen auf Situationen übertragen können, die Sie selbst schon erlebt haben.

Nehmen wir einmal an, in einem Unternehmen sollen Abteilungen zentralisiert und bei der Gelegenheit gleich neu strukturiert werden. Die Führungskräfte setzen sich zusammen und entwerfen einen Plan. Sie verteilen die fünfzig Mitarbeiter, die davon betroffen sind, auf zwei verschiedene Standorte und Büros. Und zwar so, dass die Kosten so gering wie möglich gehalten werden: die Führungskräfte in die teuren Büroräume in der Zentrale, nah dem Vorstand, die Mitarbeiter in billigere Büroräume am Stadtrand. Eigentlich keine schlechte Idee. Daraufhin werden alle betroffenen Mitarbeiter aus allen Niederlassungen in die Zentrale zitiert und vor vollendete Tatsachen gestellt. Sie können sich sicher vorstellen, dass die Unruhe und der Ärger bei den Mitarbeitern beträchtlich sind, oder? Und genau so wird es in solchen Situationen auch kommen. Es werden sich auf einmal Kündigungen, Versetzungsanträge und Beschwerden häufen. In meinen Augen völlig klar und der Preis dafür, dass ein paar Zahlen-Daten-Fakten-Manager mal wieder vergessen, den Faktor Mensch einzubeziehen. Sie würden wesentlich mehr erreichen, wenn sie ihren Mitarbeitern beispielsweise Hintergründe erläuterten, die für die Entscheidung wichtig sind, oder sie auf eine andere Art und Weise mit ins Boot holen.

Zentrale Erkenntnis hier: Führung als Manipulation funktioniert nun mal nicht. Hat noch nie funktioniert und wird auch zukünftig nicht funktionieren. Und warum ist das so? Weil Mitarbeiter sowieso machen, was sie wollen. Da können Sie genauso gut an Gras ziehen, damit es schneller wächst. Das Einzige, was Sie damit erreichen, ist, dass Sie das Gras ausreißen, sprich: es entwurzeln. So ähnlich ist das mit Mitarbeitern auch. Natürlich können Sie sie manipulieren. Aber dann wächst auch nichts mehr. Weder Gras über die Sache noch eine gesunde und erfolgreiche Geschäftsbeziehung. Deswegen sind Demut und Respekt zwischen Chef und Mitarbeiter so wichtig: Wenn ein Chef akzeptiert, dass er es mit autarken Individuen zu tun hat, dann respektiert er die Entscheidungen seiner Mitarbeiter und reagiert entsprechend auf sie. Das hilft dem Mitarbeiter vor allem dabei, selbst die Verantwortung für sein Tun oder Unterlassen zu übernehmen.

Ja, aber – wie kriegt man denn einen Mitarbeiter dazu, das zu tun, was man als Chef von ihm will? Was nicht funktioniert, wissen wir mittlerweile: Autorität zieht nicht, Manipulation funktioniert nicht. Genauso wenig wie Nachsicht! Sie beweist nicht Größe, sondern lediglich Inkonsequenz und damit Führungsschwäche. Komfortzonengehampel gilt nicht! Nachsicht zieht nur eines nach sich: Ärger! Ärger mit den Mitarbeitern, die immer eigenverantwortlich ihren Job machen und die sich über die Inkonsequenz des Chefs gegenüber den führungsbedürftigen Mitarbeitern ärgern. Und Ärger über die Mitarbeiter, die ihren Aufgaben nicht nachkommen oder immer wieder lausige Qualität abliefern. Dieser Ärger lässt sich selbst mit Demut nicht ertragen. Hier hätten wir ihn wieder, den roten Faden dieses Buches: Ein Mitarbeiter ist dazu da, bestimmte Dinge und Aufgaben zu erledigen. Das klingt ganz einfach. Ist es auch. Wird nur leider immer wieder vergessen. Trifft ein Mitarbeiter die Entscheidung, seinen Aufgaben nicht nachzukommen beziehungsweise nicht in ausreichendem Maße, dann ist diese Entscheidung hinzunehmen und zu respektieren. Was aber nicht heißt, dass der Chef auf diese Entscheidung nicht irgendwie reagieren sollte. Mehr noch: Er *muss* auf die Entscheidungen seines Mitarbeiters reagieren. Spätestens dann, wenn im eigenen Laden nicht mehr das passiert, was den Unternehmenszielen dient. Einige konkrete Möglichkeiten dazu kennen Sie nun schon, zum Beispiel: Schütze deinen Mitarbeiter nicht vor den Folgen seines Handelns. Ein Chef gehört hinter seinen Mitarbeiter, nicht vor ihn. Wie ein Chef dann auf das Verhalten seines Mitarbeiters reagiert – das sind die sogenannten Sanktionen. Die natürlich keine Sanktionen im Sinne von Bestrafung sind, sondern lediglich die logische Konsequenz dessen, was der Mitarbeiter signalisiert oder besser: einfordert. Wer Betreuung fordert, bekommt sie. Wer Kontrolle fordert, bekommt sie eben auch. Denken Sie an den Drachen Edeltraud aus Kapitel 2. Denken Sie an Herrn Keller aus dem letzten Kapitel.

Message in a bottle

Führungskräfte erleben permanent, dass Mitarbeiter nicht das tun, was von ihnen verlangt wird. Das ist Alltag. Ganz normal. Ein Kuschelchef will das natürlich nicht wahrhaben. Und reagiert entsprechend falsch darauf. Irgendwo, in den hintersten Winkeln seines Unterbewusstseins weiß er vielleicht sogar, dass er eigentlich klar und entschieden reagieren müsste. Weil er jedoch am falschen Selbstbild klebt – «Ich muss doch verständnisvoll sein! Autoritäre Chefs sind uncool! Außerdem verstehen wir uns doch alle so gut hier, da kann ich doch nicht ungemütlich werden! Mir sind ein gutes Betriebsklima und eine Wohlfühlatmosphäre einfach wichtiger!» –, schluckt er seinen Ärger über den Mitarbeiter hinunter, verdrängt das alles und bügelt dessen Fehler selbst aus. Das Fatale daran: Ein solcher Chef bleibt auf dieser Ebene hängen, die zu allem Überfluss höchst emotional ist. Enttäuschung und Frustration machen sich irgendwann bei ihm selbst breit. Und der Chef fängt an herumzubrüllen – aus irgendeinem nichtigen Grund, den dann keiner mehr nachvollziehen kann, weil er völlig unerheblich ist. Der wahre Grund für den Ausraster liegt natürlich ganz woanders.

Ein solcher Klassiker trug sich auch in einem Großhandelsunternehmen zu, das ich gut kenne: Einer der Mitarbeiter im Vertrieb, nennen wir ihn Uwe Zöller, ist viel unterwegs. Er besucht seine Großhandelskunden, stellt ihnen neue Produkte vor, nimmt Bestellungen entgegen. Regelmäßig muss er Besuchsberichte verfassen, da bei diesen Besuchen ein hohes Umsatzvolumen abgewickelt wird. Obwohl Uwe Zöller das genau weiß, liefert er seine Berichte grundsätzlich zu spät ab – und oft in zweifelhafter Qualität. Er hasst es, diese Berichte zu schreiben. Daran hat sich auch in den zwei Jahren nichts geändert, die er schon in diesem Unternehmen arbeitet. Sein Chef weiß, dass Uwe schlechte Berichte abliefert, und plant sich immer extra Zeit ein,

Und auf einmal ertönt ein kleines fieses Geräusch ...

um diese zu überarbeiten. Gesagt hat er dazu jedoch noch nie etwas. Selbst schuld, oder? Und Sie ahnen, was jetzt kommt – richtig: Eines Tages platzt dem Chef der Kragen. Der berüchtigte Ketchup-Bottle-Effekt, wie die Amerikaner dazu sagen: Man schüttelt minutenlang ebenso vorsichtig wie erfolglos eine Flasche mit Ketchup, um einen angemessenen Klacks Ketchup auf seinen Teller zu befördern. Und auf einmal ertönt ein kleines fieses Geräusch – ungefähr so: blörps – und der gesamte Inhalt der Flasche ergießt sich über den Teller mit Grillgut. Diesem Ketchup-Bottle-Effekt fällt also Uwe Zöller zum Opfer, denn auf einmal ergießt sich der gesammelte Frust seines Chefs über unzählige schlechte Berichte über ihn. Der Chef brüllt: «Also, ich hab's Ihnen doch schon zigmal gesagt! Ich finde es eine absolute Unverschämtheit! Sie wissen genau, was ich erwarte und wie Ihre Berichte auszusehen haben! Sie wissen, was uns erfolgreich macht! Vor zwei Jahren habe ich Sie persönlich eingewiesen und eingearbeitet, und Sie sind immer noch nicht in der Lage, ordentliche Berichte abzuliefern! Ich bin wirklich sehr enttäuscht, dass Sie das nicht umsetzen können, obwohl ich mir doch mit Ihnen die größte Mühe gegeben habe!»

Dass Uwe Zöller das merkwürdig findet, ist klar. Er spürt deutlich, dass dieser Ausbruch völlig überzogen ist, und fühlt sich in die Grillpfanne gehauen. Wäre er ein kleinlauter Charakter, würde er sagen: «Tut mir echt leid, Chef!» Da er aber eher offensiver Natur ist, blökt er zurück: «Ich weiß gar nicht, was Sie eigentlich wollen. Ich finde es sehr unangemessen, wie Sie mich hier angehen, nur weil da mal ein paar Dinge nicht so sind, wie Sie es gerne hätten!» Eines ist klar: So erreicht ein Chef niemals sein Ziel. Er stört lediglich die Beziehungsebene, die immer das Schmiermittel einer guten und vertrauensvollen Zusammenarbeit ist. Eigentlich müsste der Chef hier ganz unkuschelig-ungemütlich werden und zu seinem Mitarbeiter sagen: «Hören Sie mal, Zöller, so geht's nicht. Dieser Bericht entspricht nicht den Qualitätskriterien, die wir in diesem Haus dafür anlegen. Nehmen Sie ihn sich bitte noch einmal vor. Übermorgen möchte ich ihn bitte wieder auf meinem Tisch haben, und zwar korrekt!» Und genau diese Botschaft hätte der Chef schon nach dem ersten schlechten Bericht aussenden müssen – dann hätte sie nämlich den höchsten Wirkungsgrad gehabt. Zwei Jahre lang keinen Mucks zu machen und dann – für den Mitarbeiter – aus heiterem Himmel auszurasten, ist dagegen alles andere als wirkungsvoll. Und auch hier zeigt sich wieder: Nachsichtigkeit ist natürlich erst einmal leichter, bequemer und kuscheliger. Schließlich ist man ja auch nur ein Mensch. Und will fair mit seinen Mitmenschen und Mitarbeitern umgehen. Der Punkt aber ist: Gerade diese Nachsicht ist unfair! Sie führt nur zu unvermuteten Ausbrüchen. Gleich zu sagen, was Sache ist, und dadurch seinem Gegenüber die Chance zu geben, sein Fehlverhalten abzustellen, ist dagegen hochgradig fair. Und Nachsicht ist deshalb nicht nur unfair, sondern zu allem Überfluss auch noch respektlos.

Ihre Bestellung, bitte!
Nachsicht bedeutet aber noch etwas: Verschwendung. Wenn – wie in der gerade eben geschilderten Situation – der Chef die Qualitätsicherung für seine Mitarbeiter übernehmen muss, dann wird schnell deutlich, warum das so ist: Eine als Führungskraft getarnte Qualitätssicherung ist eindeutig überbezahlt! Wenn der Boss nicht mehr das machen kann, wofür er bezahlt wird, sondern seine Zeit mit etwas verbringt, das auch für weniger Geld vom Mitarbeiter zu haben wäre, dann läuft etwas grundlegend schief! Verschwendung findet aber nicht nur beim Chef, sondern auch beim Mitarbeiter statt: Wenn beispielsweise Uwe Zöller seine Berichte zeitnah und konzentrierter verfassen würde, müsste er keine Korrekturschleifen drehen. Weil die aber nötig sind, arbeitet er ineffizient. In der Zeit, die er benötigt, um seine Berichte zu verbessern, könnte er schon längst wieder beim Kunden sein und neuen Umsatz generieren. Auch hier: Knappe Zeitressourcen werden falsch eingesetzt. Treiben wir diesen Gedanken mal auf die Spitze: Wenn das einreißt,

dann verliert Uwe Zöller am Ende den Draht zu seinen Kunden, da er nur noch im Büro sitzt und die Berichte korrigiert.

Lassen Sie mich diesen Aspekt der Verschwendung noch einmal an einem anderen Beispiel deutlich machen. Stellen Sie sich ein gut situiertes, großes Bankhaus vor. Der Vertrieb plant eine Aktion, bei der Produkte im Wert von 30 Millionen Euro abgesetzt werden sollen. Die Marge beträgt vier Prozent, das heißt, dass 1,2 Millionen Euro zusätzlicher Ertrag erwirtschaftet werden können. Zeitraum für die Aktion: zehn Wochen. Alle Mitarbeiter werden informiert und mit den nötigen Materialien und Kenntnissen ausgestattet. In den nächsten siebeneinhalb Wochen passiert aber nichts. Alle stecken im Tagesgeschäft, viele sind im Urlaub, da gerade Schulferien sind, das Business plätschert so vor sich hin, draußen ist es 35 Grad heiß, eigentlich träumen alle von hitzefrei. Irgendwann wird es dem Vorstandsvorsitzenden zu dumm. Er trommelt alle Vertriebsmitarbeiter zusammen

Kein Gebrülle, kein Gehampel, keine Vorwürfe.

und stellt sie in den Senkel. Weil er fachlich nicht zuständig und auch kein Kuschler ist, bleibt er sachlich und hält sich strikt an die Fakten: «Wir hatten vereinbart, dass innerhalb von zehn Wochen mit diesem Produkt 30 Millionen Umsatz erwirtschaftet werden sollen. Stand des Umsatzes heute – nach siebeneinhalb Wochen. Nullkommanull. Bitte machen Sie sich an die Arbeit. Sie haben noch genau zweieinhalb Wochen Zeit, um die 30 Millionen Euro einzufahren!» Kein Gebrülle, kein Gehampel, keine Vorwürfe, keine wortreich ausgedrückte Enttäuschung. Dieser Vorstandsvorsitzende ist wirklich cool. Und ziemlich ausgekuschelt. Er sieht Unheil am Horizont und sagt seinen Mitarbeitern, dass sie nun endlich mal in die Puschen kommen sollen. Dabei bleibt er hübsch klar und sachlich. Und erreicht, was er will. Zweieinhalb Wochen später haben die Mitarbeiter nämlich das angestrebte Ziel erreicht.

Alles gut und schön so weit. Als ich von dieser Geschichte

hörte, dachte ich dennoch, ich kippe aus meinem Stuhl. Diese Episode zeugt von einer schier unglaublichen Verschwendung! Warum? Überlegen Sie doch einfach mal, was die Mitarbeiter in den zehn Wochen an Umsatz hätten einfahren können, wo sie doch für das geplante Produktvolumen nur zweieinhalb Wochen gebraucht hatten! Es ist eine einfache Rechnung: 120 Millionen Euro hätten sie umsetzen können! 90 Millionen Euro sind also verloren gegangen und damit 3,6 Millionen Euro Ertrag. Sprich: Am Jahresende hätte man neunzig Mitarbeiter entlassen müssen, um den «Verlust» – besser den nicht realisierten Ertrag – wieder auszugleichen. So muss man rechnen, wenn es sich ausgekuschelt hat. Und da haben Sie es schwarz auf weiß. Wer nachsichtig ist und nicht gleich beim ersten Zucken zeigt, wo es langgeht, der verschwendet Geld. Und zwar massiv.

Daneben gilt es zu fragen: Wer in der Bank hatte eigentlich die Entscheidungsbefugnis, auf Erträge von 3,6 Millionen Euro zu verzichten? Die Vertriebsmitarbeiter sicher nicht. Aber deren Verhalten bewirkt genau das. Und das ist grob fahrlässig.

Sie werden jetzt möglicherweise einwenden: So einfach kann man das nicht rechnen. Außerdem ist dann wohl das Ziel falsch, weil zu niedrig gesetzt. Einverstanden. Das bedeutet aber nur, dass schon bei der Zielsetzung die Nachlässigkeit und Verschwendung anfängt.

Noch einmal: Mitarbeiter geben Bestellungen auf. Sie bestellen bei ihren Chefs, wie sie behandelt werden wollen. Sie können es auch Botschaft nennen, wie Sie wollen. Die Bankmitarbeiter aus der eben geschilderten Situation haben die Bestellung aufgegeben: «Tut uns leid, Chef, wir haben es noch nicht verstanden. Sie müssen uns die Bedeutung des Vorhabens noch einmal klar machen.» Die Botschaft könnte aber auch gewesen sein. «Diese Aufgabe ist uns nicht so wichtig. Dass wir sie tatsächlich erledigen müssen, ist bei

«Wenn ein Affe in den Spiegel hineinschaut, kann kein Apostel heraussehen.»

uns noch nicht angekommen.» Der Vorstandsvorsitzende hat diese Botschaft verstanden und angemessen darauf reagiert.

Wenn ich Führungskräfte erlebe, die nachsichtig gegenüber ihren Mitarbeitern sind und so allerlei durchgehen lassen, dann frage ich mich immer: Nehmen die sich eigentlich selbst nicht ernst? Wenn einem Chef ein Vorhaben oder ein Projekt wichtig ist, dann muss er doch alles dafür tun, dass er das Ziel, das er damit verfolgt, auch erreicht! Es reicht doch nicht aus, eine Entscheidung für ein Projekt zu treffen, dann aber die Umsetzung schleifen zu lassen! Wenn also eine Führungskraft ihre Projekte und Vorhaben und vor allem sich selbst ernst und wichtig nimmt, dann sorgt sie auch dafür, dass diese Dinge umgesetzt werden. Dann schaut sie genau hin, was die Mitarbeiter so veranstalten. Vergisst ein Chef diesen entscheidenden Punkt – hinzuschauen –, dann passiert eines ganz automatisch: Auch die Mitarbeiter schauen nicht mehr so genau hin, weder zu ihm noch auf die Dinge, die sie da zu erledigen haben. Denn die empfangene Botschaft lautet: Dann ist es wohl nicht so wichtig, wenn der Chef nicht mehr nachfragt und nachschaut. Und so zieht dann eines das andere nach sich: Konsequente Chefs beweisen nicht nur Größe, indem sie sich selbst ernst nehmen, sondern auch, weil sie sich ihrer Verantwortung bewusst sind. Was sie groß macht, ist, dass sie aus ihrer Rolle heraus verantwortungsbewusst agieren. Und mit ihrem verantwortungsbewussten Handeln sorgen sie dafür, dass andere sich verantwortungsbewusst verhalten. Wie man in den Wald hineinruft, so schallt es heraus, sagt der Volksmund, oder um es mit dem Aufklärer Georg Christoph Lichtenberg zu sagen: «Wenn ein Affe in den Spiegel hineinschaut, kann kein Apostel heraussehen.»

Am Beginn dieses Kapitels habe ich es schon geschrieben: Ein Chef ist ein Aufklärer. Er klärt Irrtümer auf. Er befreit seine Mitarbeiter von dem Irrglauben, dass sie ihren Job so larifari nebenher erledigen könnten. Ein kuscheliger Chef macht gerne mal die Augen zu und ignoriert so allerlei, was um ihn herum veranstaltet wird – ganz weich gespülte Nachsicht. Da kann man es den Mitarbeitern fast nicht übel nehmen, wenn sie diesen Schluss daraus ziehen: «Na ja, er sagt ja nichts, also wird schon alles in Ordnung sein!» Und das ist der Schluss, den alle Kuschler aus ihrem Verhalten ziehen müssen: Kurzfristig mag das zwar angenehm sein, langfristig tun sie sich jedoch keinen Gefallen. Mehr noch: Sie verschwenden Geld und schaden dadurch massiv sich und dem Unternehmen.

Leider nur Pantoffelkino!

Mitarbeiter haben ein Recht auf harte Sanktionen – das hört sich zum Fürchten an. Und Sie glauben gar nicht, wie viele Führungskräfte in meinen Coachings und Seminaren in hämisches Gelächter ausbrechen, wenn sie diese Worte hören. Das zeigt allerdings nicht, dass sie sadistische Veranlagungen hätten oder zur Wiedereinführung der körperlichen Züchtigung neigten. In meinen Augen zeigt das lediglich, wie groß der Frust bei den Führungskräften ist und wie stark ausgeprägt Führungsschwäche und Kuscheltendenz allerorten sind. Deswegen gehen viele der oberflächlichen Bedeutung dieser Worte auch auf den Leim. «Ha, jetzt erzählt mir endlich mal ein Coach, dass ich es meinen Mitarbeitern so richtig schön heimzahlen soll – klasse!» – wer so denkt, der befindet sich schon längst jenseits von Gut und Böse.

Und deshalb muss ich diese hämisch grinsenden Führungskräfte auch regelmäßig enttäuschen: Mit Sanktionen meine ich nämlich nicht irgendwelche drakonischen Maßnahmen wie Urlaubssperre, Entzug der Personalverantwortung oder Verbannung in ein Kellerbüro. Mit Sanktionen meine ich schlicht und ergreifend die angemessene Reaktion auf ein Fehlverhalten des Mitarbeiters. Und angemessen ist es, von seinen Mitarbeitern zu verlangen, dass sie ihr Fehlverhalten abstellen und ihren Job ordentlich ausführen. Das ist sogar mehr als angemessen – es ist wertschätzend und respektvoll. Respektlos wäre es dagegen, nicht auf ein Fehlverhalten zu reagieren und den eigenen Frust irgendwann unkontrolliert auszuagieren. Dadurch signalisiert man lediglich, dass man weder sich als Führungskraft noch seinen Job noch den Mitarbeiter ernst nimmt – nicht auf der sachlichen und nicht auf der menschlichen Ebene. Unternimmt man nichts, sendet man die Botschaft aus: «Macht einfach, was ihr wollt! Mir doch egal!» Man betrügt seine Mitarbeiter regelrecht.

Sie kennen bestimmt das Märchen vom Schafhirten, der immer wieder blinden Alarm gab – «Der Wolf, der Wolf!» –, so lange, bis ihm keiner mehr glaubte. Als dann eines Tages tatsächlich der Wolf kam, schenkte niemand den Hilferufen des Hirten Beachtung. So ähnlich ist es mit den nachsichtigen Führungskräften. Wenn die nur oft genug nicht nachgehakt haben, dann wird es die Mitarbeiter auch nicht weiter interessieren, wenn der Chef eines Tages ankommt und einen wirklich dringenden Auftrag hat. Schließlich hakt er ja nie nach, warum soll es dieses Mal dringend sein? Kreuzt der Chef dann tatsächlich auf und fordert Ergebnisse ein, sind die Mitarbeiter irritiert und fehlgeleitet – denn sie wissen nicht, wann etwas wichtig ist und wann nicht. Sie können das nicht unterscheiden. Das ist im Übrigen auch nicht ihr Job.

Dann gibt es leider keine andere Möglichkeit, als den Mitarbeiter loszulassen.

Die härteste Sanktion ist es in meinen Augen, wenn ein Mitarbeiter seine Aufgabe nicht geschafft hat und nun vom Chef aufgefordert wird, sie zu erledigen. Wenn er nicht aus seiner Verantwortung entlassen wird. Brutal? Nein? Na, sehen Sie. Ist gar nicht so schlimm, wie es sich anhört. Übrigens: Wenn ein Mitarbeiter sich beschwert, dass er beispielsweise die Korrekturen an einem schlampig ausgearbeiteten Bericht noch am gleichen Tag abliefern muss, obwohl er eigentlich ins Kino gehen wollte, kann ein ausgekuschelter Chef ganz lässig reagieren: «Na, also, Herr Zöller, Sie haben sich mit der Abgabe dieses schlampigen Berichts heute Morgen dafür entschieden, noch einmal daran zu arbeiten. Und Abgabetermin war nun einmal heute! Das hatten wir so vereinbart. Wer A sagt muss auch B sagen!» Wer als Führungskraft so denkt und handelt, ist weder Richter noch Sozialpädagoge, weder Wikipedia noch Hellseher, sondern einfach nur ein Chef, der seine Mitarbeiter konsequent ernst nimmt.

Was aber passiert, wenn ein Mitarbeiter nicht ernst genommen werden will? Wenn er seinerseits ganz konsequent bleibt und seinen Aufgaben nicht nachkommt? Wenn der Chef ihn immer wieder sanktionieren muss? Wenn massiver Schaden entsteht, nicht nur für den Chef, sondern für das ganze Unternehmen? Dann kommt erst einmal das übliche Programm: inszenierte Lernfelder schaffen, den Mitarbeiter schlimmstenfalls auflaufen lassen, Sie kennen das. Oder lesen Sie im Kapitel 4 noch einmal nach. Da musste Herr Dr. Geiger sich ja warm anziehen. Und wenn das auch nicht hilft? Dann gibt es leider keine andere Möglichkeit, als den Mitarbeiter loszulassen. Und das geht so:

«Herr Zöller, mir ist zum wiederholten Mal aufgefallen, dass Sie nur dann Dinge erledigen, wenn ich Sie mit aller Deutlichkeit auch dazu auffordere, und ich muss Ihnen sagen: Ich habe eine Entscheidung getroffen. Ich bin nicht mehr gewillt, Sie in Zukunft daran zu erinnern, und da erwarte ich jetzt von Ihnen, dass Sie selbst daran denken. Und sollten Sie es vergessen, so haben Sie die sich hieraus ergebenden Konsequenzen ganz alleine zu tragen. Haben Sie das verstanden?»

«Ja, ich glaube schon.»

«Um es deutlich zu sagen, Herr Zöller, ich werde Sie nicht mehr daran erinnern. Es wird Ihre Aufgabe sein, sich zukünftig selbst daran zu erinnern und ihre Aufgaben in der vereinbarten Qualität zum vereinbarten Termin zu liefern – haben Sie das verstanden?»

«Ja, dann mache ich das halt.»

«Ich habe eine konkrete Entscheidung getroffen, die da lautet: Ich lasse Sie an dieser Stelle ganz allein stehen und erwarte, dass Sie es trotzdem hinbekommen, Ihren Job zu meiner Zufriedenheit zu erledigen. Ist das klar?»

«Ja, ich sag ja ... ich hab's ja auch immer irgendwann gemacht, oder etwa nicht?»

«Und dieses Irgendwann wird für Sie ab sofort negative Folgen nach sich ziehen, Herr Zöller. Davor werde ich Sie nicht mehr schützen. Klar?!»

«Ja. Ist ja gut. Ist ja schon gut.»

Die Raumtemperatur ist schlagartig gesunken. Auf knapp über den Gefrierpunkt.

Kapitel 8

Chefs von schwachen Mitarbeitern sind selbst schwach

Warum inkonsequente Chefs von ihren Teams abhängig sind

Wo Schwäche, Inkonsequenz und Abhängigkeit regieren, da ist sie nicht weit: Leistungsfeindlichkeit. Für mich ist sie die logische Folge der drei erstgenannten Eigenschaften. Für Sie auch? Nein? Lassen Sie uns später darauf zurückkommen und begleiten Sie mich jetzt erst einmal in die kleine heile Welt der Unternehmensberatung Process-Pro. Sie ist spezialisiert auf Prozessberatung, hat fünfzehn Mitarbeiter und ihren Sitz im Gewerbegebiet einer Kleinstadt, irgendwo in Ostwestfalen. Die nächstgrößere Stadt hat 50 000 Einwohner, und um in die Großstadt zu gelangen, muss man schon eine dreiviertelstündige Autofahrt auf sich nehmen.

Manuel ist der Geschäftsführer dieser Unternehmensberatung. Er ist ein großer, schlaksiger Mann und geht etwas gebückt – wie viele große Menschen. Er trägt sein volles, dunkles Haar mit einem akkuraten Scheitel auf der linken Seite und hat einen sorgfältig gestutzten Vollbart. Wer ihm begegnet, fasst sofort Vertrauen zu ihm. Er wirkt kumpelhaft, wie ein großer Bruder, dem man bedenkenlos alle Sorgen anvertrauen kann. Dazu trägt auch bei, dass Manuel ein ausgeprägtes Bedürfnis hat, seine Gesprächspartner anzufassen. Er überschreitet körperliche Distanzzonen permanent, aber so freundlich und zugewandt, dass man ihm das weder übel nimmt noch unbewusst drei Schritte nach hinten macht. Manuel fasst auch seine Mitarbeiter gerne an. Und sogar die Kunden und Kundinnen der Unternehmensberatung.

Wenn Manuel morgens ins Büro kommt, trägt er immer eine anthrazitfarbene Bundfaltenhose, ein Hemd, eine Krawatte – und darüber einen erschreckend bunten und fast schon unanständig flauschigen Pullover. Ob den seine Mutter für ihn gestrickt hat? Zumindest sieht er so aus. Dass er mit ihm natürlich nicht bei einem Kundentermin aufkreuzen kann, das weiß Manuel. Deswegen hat er in seinem Schrank im Büro drei Jacketts hängen, die tauscht er dann jeweils gegen das Flauschwunder ein. Aber nicht schon im Büro, nein, erst kurz bevor er das Büro des Kunden betritt, also am Flughafen oder im Taxi. Er liebt seinen kuscheligen Pulli einfach.

Fachlich ist Manuel gut aufgestellt. Weder seine Kunden noch seine Mitarbeiter haben an seiner Arbeit etwas auszusetzen. Oft bügelt er die Fehler aus, die seine Mitarbeiter gemacht haben. Er trägt sein Know-how und seinen fachlichen Erfolg jedoch nicht vor sich her. Aus Status und den zugehörigen Symbolen macht er sich nichts. Seine Büroeinrichtung ist schlichter Standard, auf seinem Schreibtisch steht ein Foto seiner Familie, damit er nicht vergisst, wie sie aussehen, denn in realitas sieht er sie eher

So haben immer alle einen Kollegenkumpel mit dabei.

selten – er verbringt sehr viel Zeit im Büro. An der Wand hängt ein buntes Plakat eines Hundertwasser-Gebäudes. «Schade, dass diese Welt so rechtwinklig ist» – das könnte auch Manuels Lebensmotto sein. Außerdem auf Manuels Schreibtisch: ein Satz Jonglierbälle aus Schaumstoff. Damit bringt er sich in Schwung und Stimmung, wenn mal wieder die Entwicklung eines neuen Konzepts auf dem Programm steht. Sein Büro ist mit einem hochflorigen Teppich ausgelegt, der nicht nur kuschelige Gemütlichkeit ausstrahlt, sondern auch viel Schall schluckt. Aber auch ohne ihn wäre eines klar: Hier fällt kein lautes Wort.

Manuels Mitarbeiter sind durch die Bank noch nicht lange im Unternehmen: zwei bis vier Jahre etwa. Sie gehören ausnahmslos zur Kategorie der loyalen Deppen und der Realisten, die Sie in Kapitel 5 schon kennengelernt haben. Entweder kamen sie direkt von der

Fachhochschule in der nächstgrößeren Stadt oder wechselten von anderen Unternehmensberatungen zu ProcessPro – weil sie genug von der Kälte und vom Leistungsdruck hatten, der in den größeren Beratungsfirmen herrschte, und ihnen die große weite Welt ein ordentliches Stück zu groß war. Bei ProcessPro und ihrem neuen Chef Manuel geht es dagegen locker und menschlich zu. Hier herrscht eine familiäre Atmosphäre. Sicher, die Kundentermine sind zwar lästig, aber Manuel versucht immer, zwei seiner Mitarbeiter gemeinsam auf ein Kundenprojekt anzusetzen. So haben immer alle einen Kollegenkumpel mit dabei. Und wenn Manuel selbst mit zu einem Termin kommt, dann holt er sie schon morgens zu Hause ab und fährt mit ihnen gemeinsam zum Flughafen oder zum Bahnhof. Er wartet auch mal fünf Minuten vor der Haustür, wenn der Mitarbeiter sich beim Zähneputzen verschluckt hat und ein bisschen länger braucht. Das ist toll.

Neulich stand ein Projekt beim Kunden an, nichts Aufregendes, nur ein bisschen Fleißarbeit: Vor Ort sollten Prozesse erhoben und Mitarbeiter des Kunden befragt werden. Der Mitarbeiter, den Manuel dafür vorgesehen hatte, schützte jedoch Kopfschmerzen und eine heraufziehende Grippe vor und jammerte ordentlich. Manuel seufzte, vertauschte sein flauschiges Pulloverungetüm mit einem seiner drei Jacketts aus dem Schrank und fuhr selbst zu dem Kunden. So ein netter Chef ist er, der Manuel.

Nach Feierabend geht Manuel mit seinen Mitarbeitern gerne mal zum Squash. Hinterher trinken sie dann alle zusammen noch ein paar Bierchen in der Bar der Squash-Halle. Manuel ist froh, dass er die Jungs hat und auch seine Freizeit mit ihnen verbringen kann. Da er viel unterwegs ist, ist es für ihn immer schwierig, seine sozialen Kontakte außerhalb der Familie zu pflegen. Mit den Jungs dagegen gestaltet sich das alles so schön unkompliziert.

Am meisten freuen sich immer alle auf mehrtägige Kundenprojekte, bei denen sie zu viert oder fünf und gemeinsam mit Manuel eingesetzt sind. Manuel – ganz der große Bruder – holt die Jungs dann der Reihe nach ab, meist schon am Sonntagabend. Mit jedem Kollegen, der sein Gepäck gut gelaunt in Manuels Saab verstaut hat, steigt die Stimmung im Wagen. Manuel fährt natürlich selbst und hat auch schon die CDs ausgewählt, die sie auf der Fahrt hören wollen. Es fühlt sich so an wie ein Familienausflug, alle sind in Ferienstimmung. Da passt auch die rot karierte Wolldecke dazu, die den Rücksitz von Manuels Saab ziert. Unterwegs werden die üblichen Themen durchgehechelt: Autos («Boah, hast du den gesehen, der uns da überholt hat? Das war der neue Porsche GT 2, der hatte bestimmt 250 Sachen drauf! Wahnsinn!»), Fußball («Wollen wir nicht mal wieder zusammen ins Stadion gehen? Nächste Woche spielen doch die Bayern gegen unsere Jungs!»), Frauen («Ich freu mich schon auf die nächsten drei Tage, da können wir abends mal wieder so richtig einen draufmachen! Vielleicht sind da wieder die drei Hostessen vom Cola-Vertrieb im Hotel, die vom letzten Jahr!»).

Wenn dann am anderen Morgen alle in ihrer Businessverkleidung im Frühstücksraum des Hotels auflaufen und die üblichen Sprüche klopfen – «Denkt dran, Jungs, der Kunde steht drauf, wenn wir möglichst viele Flipchart-Bögen verbrauchen, also gebt's ihm!» – könnte man glatt den Eindruck bekommen, hier rüste sich eine Horde Achtjähriger für einen Gang auf den Abenteuerspielplatz. Auch bei der Rückfahrt ein paar Tage später herrscht ausgelassene Stimmung, man verabredet sich zum Grillen am nächsten Abend und trinkt natürlich noch gemeinsam einen Absacker, bevor Manuel alle wieder brav zu Hause abliefert.

Man kennt sich eben gut. Da dürfen Privates und Berufliches schon mal durcheinandergehen.

Wenn einer der Jungs mal ein Problem oder eine Frage hat, dann bittet Manuel ihn in sein Büro. Er lässt sich das Problem ausführlich schildern. Er ist ein geduldiger Zuhörer. Komisch, dass er dann die Frage des Mitarbeiters aber gar nicht beantwortet, sondern erst einmal über andere Dinge plaudert, abschweift, sich in unwichtigen Details verliert – als säße er mit seinem Mitarbeiter irgendwo am Tresen.

Irgendwann kommt er dann wieder auf das ursprüngliche Problem zurück und sagt so etwas wie: «Ja, blöde Sache, stimmt schon, aber du wirst das schon hinkriegen, oder? Übrigens, wie war das eigentlich gestern nach dem Grillen? Ihr seid doch da noch mal losgezogen, oder? Erzähl doch mal!» Man kennt sich eben gut. Da dürfen Privates und Berufliches schon mal durcheinandergehen.

Squash-Partner gesucht!

Moment mal. Über Abhängigkeit wollte ich in diesem Kapitel schreiben. Wer aber ist hier von wem abhängig? Ist doch alles so nett bei der ProcessPro! Die Jobs werden so erledigt, dass sich keiner beschwert! Alle sind zufrieden und verstehen sich gut, die Atmosphäre ist offen und solidarisch! Das Wir-Gefühl zählt! Wer soll denn da von wem abhängig sein, bitte schön? Gut. Bringen wir Licht ins Dunkel. Ich sehe hier Abhängigkeiten auf zwei verschiedenen Ebenen. Manuel ist auf emotionaler Ebene abhängig von seinen Mitarbeitern. Er hat einen emotionalen Nutzen davon, dass seine Mitarbeiter mit ihm abends zum Squash gehen, dass sie gemeinsam Grillpartys feiern und nach den Kundenterminen noch zusammen losziehen. Wäre das nicht so, müsste er allein seine Abende verbringen. Und das würde er nicht aushalten. Das ist die eine Ebene der Abhängigkeit.

Abhängigkeit spielt sich bei der ProcessPro aber auch noch auf einer anderen Ebene ab: Die Jungs sind allesamt keine Leuchten. Sie sind nicht leistungsbereit. Manuel schart vielmehr loyale Deppen und Realisten um sich. Klar: Wären die Jungs echte Überflieger, düsten sie für McKinsey und Konsorten um die Welt und machten es sich nicht auf Manuels rot karierter Wolldecke bequem. Ihre Leistungsschwäche gleichen sie allerdings dadurch aus, dass sie ihrem Chef auf der emotionalen Ebene genau das geben, was er braucht: Zuwendung, Zugehörigkeit und Nähe. Sie verschaffen sich auch selbst ein gutes Gefühl, denn sie geben ihrem Chef ja etwas. Zwar nicht Leistung, aber eben emotionale Nähe. Sein Nähebedürfnis macht Manuel also zu einer schwachen und abhängigen Figur, und als schwacher Chef ist er nett zu seinen schwachen Mitarbeitern, weil er persönliche Vorteile davon hat. Wäre er konsequent (was man vor allem daran sehen würde, dass er nicht mehr permanent die Fehler seiner Mitarbeiter ausbügelt bzw. deren Aufgaben gleich selbst übernimmt), würden sie sich von ihm abwenden. Und dann hätte er ja keine Squash-Partner mehr. Das Dilemma dieser Konstellation: Die emotionale Ebene hat für Manuel und seine Mitarbeiter Vorrang vor der Sachebene.

Und so spielen sich bei ProcessPro immer ähnliche Szenen ab: Wenn einer der Mitarbeiter beim Kunden schlecht in Form ist und eine Beschwerde nach der anderen generiert, neigt Manuel dazu, diesen Mitarbeiter erst einmal aus dem Projekt zu nehmen. Als Ersatz schickt er einen anderen hin – der natürlich auch nicht wirklich gut ist, aber so hat Manuel erst einmal Zeit gewonnen und kann hinter den Kulissen versuchen, die Fehler seines Mitarbeiters zu tilgen. Das ist natürlich alles Augenwischerei und Fassadengehampel. Der Kunde merkt es früher oder später sowieso. Aber wie gesagt: Manuel geht es darum, Zeit zu gewinnen. Und dann krempelt er die Ärmel hoch und bügelt das wieder glatt, was sein Mitarbeiter in Unordnung gebracht. Ist schon okay. Schließlich muss man ja füreinander einstehen, richtig? Unterm Strich bleibt jedoch der Eindruck eines ziemlich schwachen Auftritts. Mitarbeiter schwach, Chef schwach. Und inkonsequent obendrein. Denn nur inkonsequente Chefs kehren den Scherbenhaufen zusammen, den ihre Mitarbeiter angerichtet haben.

Daraus erwächst spätestens dann ein Problem, wenn die Mitarbeiter sich Fehler zuschulden kommen lassen, die Manuel durch sein intervenierendes Verhalten nicht mehr kompensieren kann. Dann geschieht nämlich eins: Manuel wird mit dem emotionalen Ausgleich, den er erhält, nicht mehr zufrieden sein, und ausrasten. Ketchup-Bottle-Effekt, Sie wissen schon. Im letzten Kapitel konnten Sie lesen, welche entzückenden Formen das annehmen kann.

Vorsicht, versumpftes Gelände!

Was würde denn eigentlich passieren, wenn sich mal ein echter Leistungsträger zur ProcessPro verirrte? Einer, der wirklich was auf dem Kasten hat, vorwärtskommen will und auch noch über Durchhaltevermögen verfügt? Manuel würde ihn wahrscheinlich als Erstes in einem Katastrophenprojekt verheizen. Ihn irgendwohin schicken, wo er die Brocken wieder einsammeln muss, die seine Kollegen in die Luft gejagt haben. Da würde er sich dann bewähren müssen. Und das vermutlich auch schaffen. Abends beim Bier würde er dagegen fehlen. Oder vielleicht hin und wieder mitkommen, allerdings viel zu selten. Beim Squash würde er dauerhaft durch Abwesenheit glänzen, denn er geht – wenn er schon mal früher Feierabend machen kann – lieber mit seinen Freunden aus.

Wer gut ist, muss aus diesem Team entfernt werden.

Ein solcher High Potential hätte hier bei ProcessPro ein schlechtes Image – nämlich das eines Besserwissers, der es tatsächlich besser kann. Zum Dank wird er nicht etwa geliebt, oh nein, sondern aus der Clique ausgeschlossen. Die Kollegen betrachten ihn als Fremdkörper. Er gehört nicht zur Familie. Er ist ein Außenseiter. Denn: Er bringt keinen emotionalen Nutzwert. Und genau der ist die Eintrittskarte für diese Flauschpullovertruppe. Nicht etwa Leistung. Die Leistung, die er bringt, liefert er quasi in der falschen Währung ab. Und die emotionale Währung, mit der in der ProcessPro gehandelt wird, ist ihm nicht bekannt.

Ein leistungsorientierter Mitarbeiter braucht allerdings höchstens ein Jahr, bis er gemerkt hat, wie der Hase läuft. Spätestens dann hat er es gecheckt: Diese co-abhängigen Teams sind von ihrer Dynamik her leistungsfeindlich und bieten keinen Nährboden für die Entfaltung von Talenten. Um Leistung geht es in solchen Teams nicht, und um Leistung geht es auch Chefs wie Manuel nicht. Es geht um emotionale Nahrung für den Chef. Und wer besser ist als dieser große Bruder, ist eine Gefahr und Bedrohung für das System, für das komplizierte Beziehungsgeflecht aus Abhängigen und Co-Abhängigen – jenen, die es zulassen, dass der Abhängige weiter abhängig bleibt und aus ihrer aufopfernden Haltung Bestätigung ziehen. Sprich: Wer gut ist, muss aus diesem Team entfernt werden. Hier sind nur Kuschler gefragt. Nur die leisten einen wertvollen, weil emotionalen Beitrag.

Und deswegen würden solche Chefs und ihre Mitarbeiter – gesetzt den Fall, sie hätten einen leistungsorientierten Kollegen beispielsweise auf einem Kundenprojekt mit dabei, der ihnen daselbst mal wieder die Kastanien aus dem Feuer geholt hat – diesen hübsch ausgrenzen, und zwar mit folgenden Gedanken: «Oh Mann, dieser Streber, das hat er jetzt wohl nötig gehabt, uns zu zeigen, wo der Hammer hängt. Das ist ja echt ein super Teamkollege!» Was beim leistungsorientierten Kollegen dagegen hängen bleibt, ist das hier: «Jetzt rette ich denen schon das Projekt und ihren Hintern. Als Dank kriege ich noch nicht einmal ein anerkennendes Wort!» Ich bin mir sicher: Jetzt verstehen Sie, warum Schwäche, Inkonsequenz und Abhängigkeit leistungsfeindlich sind, oder? Und spätestens jetzt ist klar: Die Solidarität der Kuschelgruppe ist eine Scheinsolidarität. Die Gruppenmitglieder richten sich am Schwächsten unter ihnen aus, weil ihnen Harmonie wichtiger ist als ein gutes Arbeitsergebnis.

Gemeinsames Wachstum ist in einer solchen Truppe so gut wie ausgeschlossen. Der Chef ist darauf bedacht, die Mitarbeiter klein zu halten, und stellt deshalb am liebsten unerfahrene Youngster ein, denn er könnte es nie zulassen, dass einer aus der Flauschtruppe ausschert, ihn überflügelt und sie gar verlässt. Und die Mitarbeiter finden es überhaupt nicht komisch, wenn ein Kollege auf einmal besser ist als sie selbst, denn dann stünden sie ja selbst nicht mehr im besten Licht da. Also haben sie nur noch die Option, immer weiterzukuscheln. Und darauf aufzupassen, dass alle schön klein bleiben. Der Haken an der Sache: Wenn sich Menschen gegenseitig daran hindern, sich weiterzuentwickeln, kann es kein Wachstum geben. Dann bleibt allen nur eins übrig: mehr oder weniger hilfloses Herumkrie-chen in einem Gestrüpp. Oder der gemeinsame Untergang in einem Sumpf. Das ist übrigens auch in einer Ehe oder Partnerschaft so. Wenn eine Beziehung scheitert, dann doch meistens deshalb, weil der eine Partner sich verändert und der andere sich nicht oder in eine andere Richtung entwickelt.

Der große Lauschangriff

Die gegenseitige Abhängigkeit in schwachen Teams mit inkonse-quenter Führung kann mitunter bizarre Formen annehmen, die bis zur Erpressbarkeit reichen. Liebesentzug zum Beispiel ist ein durch-aus gerne eingesetztes Erpressungsinstrument im Hause Process-Pro. Wenn mal wieder ein Projekt aus einer Schieflage befreit wer-den muss – worauf natürlich keiner der Flauschpulloverfraktion Lust hat –, dann muss sich Manuel öfter mal merkwürdige Sätze anhören: «Du, Manuel, wenn ich da jetzt zum Kundentermin muss, dann können wir Freitag aber nicht squashen ge-hen. Das wird mir dann nämlich zu viel.» Sie glauben gar nicht, zu welchen Zugeständnissen Manuel dann bereit ist, wenn sein heiliger Squash-Abend mit den Jungs auf dem Spiel steht! Lieber fährt er selbst zum Kunden!

Man muss nur wis-sen, wo man den Hebel ansetzt, dann wird man die Arbeit schon wieder los.

Was die Jungs auch immer gerne machen: Wenn Manuel in der Tür steht und eines seiner üblichen Plauderstündchen mit ihnen ab-halten will, sagen sie zu ihm: «Du – ich muss mich gerade um die Prozessdokumentationen kümmern, die du mir gestern Abend noch aufgebrummt hast, schreib mir doch einfach eine Mail, hm?» Auf so etwas reagiert er ganz empfindlich, der Manuel. Das kann er ja über-haupt nicht leiden – Mitarbeiter, die sich ihm kommunikativ verwei-gern! Anscheinend hat er ihnen wirklich zu viel Arbeit aufgehalst! Also nimmt er ihnen zumindest einen Teil wieder ab und kriegt dann prompt zum Dank eine halbstündige Extrastreicheleinheit. Und so lernen die Mitarbeiter: Nichts ist so viel Arbeit, wie es scheint. Man muss nur wissen, wie man den Chef um den Finger wickelt, wo man den Hebel ansetzt, dann wird man die Arbeit schon wieder los. Der Chef traut sich sowieso nicht, mal ein Ding konsequent durchzuziehen. Sonst müsste er ja auf seinen Squash-Abend verzichten!

Erpressbarkeit in derart von Abhängigkeiten dominierten Teams kennt aber auch ganz andere Güteklassen. Zum Beispiel so: Gesetzt den Fall, ein Chef fällt mal wirklich aus der Rolle – weil er vielleicht mit einer Kundin angebandelt, Stundenzettel oder Bewirtungsbelege frisiert hat; und gesetzt den Fall, er hat es versäumt, dafür zu sorgen, dass keiner seiner Mitarbeiter das mitbekommt: Ich sage Ihnen, bei der nächsten Auseinandersetzung wird er das auf dem Silbertablett serviert bekommen. Sobald er einem Mitarbeiter aus irgendwelchen Gründen an den Karren fährt, darf er sich mit Sicherheit etwas in dieser Richtung anhören: «Hören Sie mal, Chef, ich finde das jetzt ganz schön unfair, dass Sie mich hier so angehen. Sie sind doch selbst nicht so reflektiert und abgeklärt, wie Sie immer tun. Das hat man ja gesehen, als Sie neulich mit der blonden Sachbearbeiterin rumgetechtelt haben! Und was soll das eigentlich, diese Sache mit den Abrechnungszetteln und den Bewirtungsbelegen? Wenn das der Kunde wüsste!»

Echte Brüder

Nähe, Wärme, Zuwendung, scheinbare Offenheit und Verbundenheit – das sind die Koordinaten, über die sich viele Teams definieren – auch die der ProcessPro. Der Preis dafür: Konformität. Alle sind gleich (schlecht), keiner darf besser sein als die anderen. Aber auch Unterordnung und Gleichmacherei. Alle klammern nur aus Angst und Schwäche aneinander. Keiner darf ausscheren. Das Wir-Gefühl wird über alles gestellt. Weil Harmonie wichtiger als die Ergebnisse ist, richten sich alle am schwächsten Teammitglied aus. Die kuschelnde Führungskraft gerät in diesen Sog und übt ihre Rolle nicht aus, weil sie nicht zulassen kann, dass einzelne Mitarbeiter aus diesem Team Größe und Stärke zeigen. So entstehen wechselseitige Abhängigkeiten, die jegliche Entwicklung verhindern. Die Solidarität der Gruppe ist eine Pseudosolidarität, eine falsch verstandene Solidarität. Sozialromantik.

Echte Solidarität sieht für mich anders aus: Auf der Ebene der Arbeit muss ein gemeinsames Ziel bestehen und daraus abgeleitet die gemeinsamen Aufgaben. Wer in einem Team dazu beiträgt, dass diese Aufgaben erfolgreich gemeistert werden, leistet den größten Solidaritätsbeitrag, der hier möglich ist. Gute Ergebnisse – das ist richtig verstandene Solidarität, denn sie dienen dem gemeinsamen Ziel! Dem Team dies klarzumachen, ist Aufgabe des Chefs. Er muss seinen Mitarbeitern signalisieren: Je besser ihr euren Job macht, desto solidarischer verhaltet ihr euch. Ihr seid nicht hier, um euch alle nett zu finden und miteinander zu kuscheln! Ihr seid hier, weil es ein gemeinsames Ziel gibt, das ihr nur gemeinsam erreichen könnt. Je besser ihr euren Job macht, desto größer wird die Solidarität sein, die ihr hier erlebt – im Sinne der Leistung und im Sinne der Ziele, die ihr erreicht. Und wenn ihr den Job gut gemacht habt und dabei entdeckt, dass ihr menschlich miteinander bestens klarkommt, dann ist das toll! Geht mal nett ein paar Bierchen zischen! Eure Gemeinschaft ist gestärkt durch die gemeinsamen Ziele und nicht durch den emotionalen Zusatznutzen, den ihr euch gegenseitig oder gar mir verschafft!

Und genau so muss es sein. Die gemeinsame Freizeit der Arbeitskollegen, mit oder ohne Chef, ist dann nicht Teil eines Machtspiels, dient auch nicht der Kompensation irgendwelcher sozialer Defizite und ist vor allem losgelöst von den Arbeitsergebnissen. Eine derart zusammengerottete Truppe geht vielleicht auch mehrmals die Woche miteinander aus und regelmäßig zum Squash, aber sie tut es aus völlig anderen Motiven heraus. Wer an diesen Veranstaltungen teilnimmt, tut es freiwillig und nicht, weil der Chef sonst sauer wird. Wer nicht mitkommt, muss sich nicht anhören: «Komm, sei kein Spielverderber!» Und er muss sich am anderen Morgen nicht sagen lassen: «Du, das war echt blöd, dass du gestern nicht mitgekommen bist. Übrigens, ich kann diese Präsentation nicht überarbeiten, die du mir da gestern gegeben hast. Aber das schaffst du locker selbst, oder?» In ehrlich solidarischen Teams gibt es eine solche Erpressbarkeit nicht. Weil alle wissen: Das Team funktioniert nicht deswegen, weil man so gut Squash miteinander spielt. Sondern es funktioniert, weil die Arbeitsatmosphäre gut ist und weil alle ihren Teil zum Erfolg des Teams beitragen. Wie gesagt: Die Gemeinschaft ist gestärkt durch die gemeinsamen Ziele.

Für einen quasi außen vor stehenden Chef ist das gemeinsame Squash-Spiel seiner Mitarbeiter also kein Indikator dafür, dass das Team gut funktioniert – auch wenn viele Füh-rungskräfte dem Trugschluss aufsitzen, dass ge-meinsame Freizeitaktivitäten automatisch eine gute Arbeitsatmosphäre nach sich ziehen. Genau aus diesem Grund inszenieren Führungskräfte gerne mal irgendwelche halbprivaten Events. Viel

Wer schwache Mitarbeiter hat, kann selbst nur schwach sein.

cleverer wäre es, wenn sie stattdessen eine gute Arbeitsatmosphäre herstellten, indem sie sich mit ihren Mitarbeitern Gedanken darüber machten, was die Gruppe erreichen will und was der Beitrag jedes Einzelnen zu diesem gemeinsamen Ziel sein kann. Denn genau dazu muss eine ausgekuschelte und starke Führungskraft ihre Mitarbeiter anhalten. Jeder Mitarbeiter soll sich überlegen: Wo sind meine Stär-ken? Was ist meine fachliche Expertise? Was kann ich so gut, dass es dem ganzen Team nützt? Wie kann ich einen solidarischen Beitrag leisten?

Der Punkt ist dabei: Aufgabe der Führungskraft ist es, die Mit-arbeiter für das Team auszuwählen, die mit einer solchen Haltung durchs Leben und den Job gehen. Das zeichnet eine starke Führungs-kraft aus. Und daraus folgt – immer und unweigerlich: Wer schwa-che Mitarbeiter hat, kann selbst nur schwach sein.

Kapitel 9

Nicht geniale Ideen, sondern konsequentes Handeln bringt Erfolg

Warum für Führungskräfte Beharrlichkeit wichtiger ist als Kreativität

Es ist Dienstagmorgen, 6.06 Uhr. An einem Gate in der Abflughalle des Frankfurter Flughafens sitzt ein Mann im dunkelgrauen Anzug mit dezenter Krawatte. Er wartet auf den Flug LH 960 nach München, den «Rote-Augen-Flieger». Jürgen ist sein Name. Trotz der haarsträubenden Uhrzeit tippt er schon eifrig Nachrichten in seinen Blackberry. Neben ihm auf dem Boden steht eine edle schwarze Aktentasche. Es ist kaum jemand unterwegs, so früh am Morgen.

Doch da eilt ein Mann auf Jürgen zu. Auch er trägt die übliche Businessuniform und ist mit Notebooktasche und der Financial Times unter dem Arm bewaffnet. «Mensch, Jürgen, das ist ja eine Überraschung, dich hier zu sehen! Bist wie immer viel unterwegs, was?» Jürgen taucht aus seiner Versenkung auf, hebt den Kopf und erkennt Peter. Vor zwei Jahren hatten sie sich auf einem Managerseminar in St. Gallen kennengelernt und seither ein- oder zweimal telefoniert. «Hallo, Peter, ja, äh, sicher, ich bin unterwegs nach München, siehst du ja. Gleich geht mein Flieger.» Er steht auf und gibt Peter die Hand. Gleichzeitig entschuldigt er sich, dass er so vertieft in seinen Blackberry war und ihn immer noch in der Hand hält. «Ich warte hier auf ein wichtiges Angebot von unserem IT Service. Es geht um das neue Management Information System, da steht jetzt der Roll-out an.» «Ach, ein Management Information System? Wir haben das schon seit zwei Jahren. Und machen nur die besten Erfahrungen. Jeden Morgen krieg ich auf meinen Blackberry ...» – an dieser Stelle zückt er das genannte Gerät – «... die brandaktuellsten Informationen, und egal, wo ich bin auf dieser Welt, ich weiß immer Bescheid. Ich führe meinen Bereich mit diesem Ding hier. Management-Cockpit to go, sozusagen.» Peter lacht zufrieden, sichtlich von sich selbst überzeugt. Da will Jürgen natürlich nicht nachstehen und holt seinerseits aus: «Ja, weißt du, dieses Information System ist auch nicht unser erstes, sondern schon das dritte. Wir sind gerade dabei, den Anbieter zu wechseln, weil die Sheets, die das neue System anzeigen kann, einfach viel smarter sind, und auch der Provider bietet eine viel bessere Performance.» Eine kleine Pause entsteht, die Peter dazu nutzt, neben Jürgen Platz zu nehmen und seine Technikspielgeräte um sich herum zu verteilen. Er klappt sein Notebook auf und bringt einen mobilen Minidrucker in Stellung. Jürgen nimmt das Gespräch wieder auf: «Sag mal, als wir uns damals in St. Gallen getroffen haben, da wart ihr doch gerade dabei, eine Balanced Scorecard einzuführen. Was ist denn daraus eigentlich geworden?» «Stimmt, das war ja damals», antwortet Peter. «Aber darüber sind wir schon längst hinaus. Die Balanced Scorecard gehört ja mittlerweile zum Standard. Wir reden da auch nicht mehr groß darüber. Wir machen das einfach.»

Um solche Tools anzuwenden, braucht es schon ein bisschen Intellekt in der Birne.

Jürgen staunt. «Meine Erfahrung ist da eine andere», hält er dagegen. «Ich habe oft den Eindruck, dass die Balanced Scorecard schon daran scheitert, dass die untere Ebene nicht in der Lage ist, irgendwelche Ziele zu formulieren. Wie soll man da schon vernünftig eine Balanced Scorecard installieren?» Peter grinst ein bisschen: «Na ja, jeder hat halt die Mitarbeiter, die er verdient.» Jürgen schluckt. Peter setzt noch einen drauf. «Wir sind ja mittlerweile schwer mit Six Sigma unterwegs. Wir haben schon alle Zertifizierungsstufen hinter uns, und ich bin der Deployment Champion bei uns im Haus. Am Anfang war das echt hart, das kann ich dir sagen. Ziemlich mühsam.

Mittlerweile können wir aber die ersten Erfolge verbuchen. Du weißt ja, wie das ist. Um solche Tools anzuwenden, braucht es schon ein bisschen Intellekt in der Birne, und den hat nun mal nicht jeder. Ich bin froh, dass wir die Implementierungsphase hinter uns haben. Das war echt tough.» Jetzt ist es an Jürgen, hintergründig zu lächeln. «Ach, weißt du», antwortet er, «ich kann dich nur zu gut verstehen. Wir haben genau aus dem Grund beschlossen, uns die Six-Sigma-Implementierung machen zu lassen. Die Jungs von McKinsey sind gerade im Haus und regeln das.» Peter wendet sich daraufhin ganz interessiert seinen E-Mails zu.

In diesem Moment klingelt Jürgens Blackberry. Das Display zeigt ihm an, dass Dr. Hiller, der Vorstand seines Unternehmens mit ihm sprechen will. Morgens um 6 Uhr 10! Wie aufregend! Diese Neuigkeit trompetet Jürgen noch schnell hinüber zu Peter («Entschuldige bitte, der Vorstand ist dran!»), dann geht er ran. «Guten Morgen, Herr Dr. Hiller! ... Ja ... äh ... nein ... lassen Sie mich doch ... Herr Dr. Hiller, bitte ... Ja, natürlich ... selbstverständlich ... ich werde sofort, wenn ich aus München zurück ...., ja, auch das werde ich ... ach, Sie meinen jetzt gleich, ... es ist noch nicht mal halb sieben ... okay, ich werde mich natürlich sofort darum ...ja ... ja ... gar kein Problem ... wahrscheinlich hat da wieder der Meyer was liegen lassen, ist doch immer dasselbe ... wie, Herr Dr. Hiller, Sie meinen, *ich* hätte ... aber ich habe das doch dem Meyer gegeben ... ja, aber wieso denn *ich* ... gewiss, Herr Dr. Hiller, ich werde mich sofort und höchstpersönlich dieser Sache annehmen.» Jürgen hat eine devote Haltung eingenommen. Seine Beine sind ineinander verknotet, er liegt fast unter dem lederbezogenen Sessel der Abflug-Lounge des glitzernden, gläsernen, coolen Frankfurter Flughafens. Plötzliches Schweigen beendet das Gestammel. Offensichtlich hat der Vorstand einfach aufgelegt.

«Na», meldet sich Peter da von links. «Wohl doch nicht so alles im Griff mit dem neuen Information System, was?» Du blödes Spaßbrötchen, denkt sich Jürgen. Mit hochrotem Kopf ruft er seinen Mit-

arbeiter Meyer an. Er hält sich auch gar nicht erst mit Höflichkeits-
floskeln oder Wünschen für einen guten Morgen auf, sondern geht
gleich ans Eingemachte. «Hören Sie mal, Meyer, sind Sie eigentlich
noch ganz dicht? Eben macht mich der Hiller zur Schnecke, weil er
die neusten Daten nicht auf sein Blackberry runterladen konnte. Was
machen Sie denn eigentlich den ganzen Tag? Ihnen muss doch klar
sein, dass der Hiller das braucht, insbesondere in diesen unruhigen
Zeiten! Es gehört verdammt nochmal zu Ihrem Tagesgeschäft, das
Management-Cockpit upzudaten. ... Ach, hören Sie auf, kommen
Sie mir nicht mit so einem Firlefanz. Die neuesten Tools zu implementieren, ist doch wohl eine Selbstverständlichkeit in einem inno-
vativen Unternehmen!»

Jürgens hysterisches Gebrüll wird schließlich übertönt von der
wie in Kokosmilch gebadeten Stimme einer Ansagerin, irgendwo aus
dem Off: «Meine Damen und Herren, der Abflug Ihres Lufthansa-
Fluges 960 nach München wird sich wegen eines dringenden Soft-
ware-Updates in unserem zentralen Computersystem um etwa 30
Minuten verzögern. Wir danken für Ihr Verständnis.»

Von Schweinerennbahnen ...

Na, was glauben Sie: Wie übertrieben war das? Wie viel Satire und
wie viel Realität stecken in der eben geschilderten
Szene? Passiert das nur am Frankfurter Flughafen
und nur wenn man Jürgen und Peter heißt? Oder
passiert das auch an den Gates in Hamburg, Düs-
seldorf, Zürich oder Wien? Seien Sie sicher: Es
passiert bei Ihnen. In Ihrem Unternehmen. Jeden
Tag.

*Innovatives Denken
und moderne Füh-
rung wird oft genug
an der Zahl der
Säue festgemacht,
die mal wieder
durchs Dorf getrie-
ben werden.*

Balanced Scorecard, Six Sigma, Betriebliches
Vorschlagswesen, Business Process Reengineering,
Total Quality Management, Kaizen – Tools und
Philosophien zur Führung eines Unternehmens oder eines Teams
gibt es viele. Sie haben ihren Sinn und ihre Berechtigung, jedes ein-

zelne. Das Blöde ist nur: Ihr Nutzen und ihre Vorteile stellen sich erst dann ein, wenn sie konsequent und nachhaltig eingesetzt und angewandt werden. Diese Erkenntnis hat sich in vielen Unternehmen aber noch nicht durchgesetzt. Vielmehr wird innovatives Denken und moderne Führung oft genug an der Zahl der Säue festgemacht, die mal wieder durchs Dorf getrieben werden – Verzeihung, natürlich meine ich die Zahl der Management-Tools, die mal eben implementiert werden, Sie wissen schon.

Verstehen Sie mich bitte nicht falsch: Es geht mir nicht darum, entsprechende Tools, Methoden oder Wertesysteme in Grund und Boden zu reden. Sondern lediglich darum, den nachlässigen, beliebigen Umgang damit zu hinterfragen. Wenn man ein solches Tool nicht konsequent über Jahre hinweg nutzt, sondern mal eben einführt, nach ein paar Monaten schaut, was es gebracht hat, befindet: na ja, nicht so viel, eigentlich mehr Chaos als sonst etwas, es dann für untauglich erklärt, wieder abschafft und das nächste ranholt – dann wird das natürlich nichts. Kein Tool ist besser oder schlechter als das andere, nur mehr oder weniger geeignet für bestimmte Unternehmenskonstellationen.

Allen Tools ist eins gemein: Wer es nicht nachhaltig nutzt, erschließt deren Nutzen nicht. Und um von der Tatsache abzulenken, dass man es bei der Implementierung an der nötigen Beharrlichkeit und Konsequenz hat fehlen lassen, muss man es abwerten. Über Sinnhaftigkeit oder andere inhaltliche Aspekte wird zwischen den Jürgens und Peters auf den Flughäfen dieser Welt natürlich nicht geredet. Hier geht es lediglich darum, wer es hat und wer nicht. Ganz nach der Devise: mein Haus, meine Jacht, mein Pferd, mein Management-Tool. Und wenn sich die Jürgens und Peters dann irgendwo treffen, dann zählt genau das. «Was habt ihr denn aktuell so am Start? Ach, das neue Vertriebskonzept 2015? Na, da sind wir doch schon längst mit durch. Was macht ihr sonst noch so? Ja klar, die ‹Filiale der Zukunft›, da haben wir auch schon drei von installiert. Wie viele habt ihr denn? Was, zehn?» So laufen diese Gespräche auf den oberen Führungsebenen.

Um Sinnhaftigkeit geht es hier wahrhaftig nicht. Es geht um höher, schneller, weiter. Reines Potenzgeprotze. Es wird nicht gefragt: Nutzt mir dieses Tool etwas? Erreiche ich damit besser meine Ziele? Macht es mich erfolgreicher? Nichts, was die Herren Manager interessieren würde. «Habe ich das derzeit angesagte Tool auch?» Das ist es, was sie interessiert. Denn dann gehören Sie dazu. Sind mal wieder auf der Höhe der Zeit und pumpen so ihr Ego auf.

Sie fragen also erstens nicht nach dem Sinn und Zweck der einzelnen Tools – und zweitens reflektieren sie nicht, ob diese Tools auch in der richtigen Tiefe implementiert sind, sprich: ob sie so konsequent, beharrlich und nachhaltig eingesetzt sind, sodass der Nutzen der Tools tatsächlich zum Tragen kommen kann.

... und Mäuseklavieren

In den meisten Unternehmen läuft das dann so ab: Irgendeiner der verkuschelten Oberbosse will sich mal wieder als besonders innovativ und kreativ profilieren, boxt so ein neues Tool auf Vorstandsebene durch (Gespräche mit der Basis und strategische Überlegungen, ob das Tool tatsächlich sinnvoll ist und zum Betrieb passt, werden lieber vermieden, damit genau dieses Tool gewählt wird!) und schickt dann eine E-Mail an alle. «Liebe Mitarbeiter, wir starten ab sofort mit der Einführung des neuen Management-Tools Strategic Planning for a better Future. Im Anhang finden Sie 38 PDF-Dokumente mit näheren Informationen. Unser Ziel ist es, uns damit innerhalb

Eigentlich kein Wunder, dass Tool-Hopping zu den Lieblingsdisziplinen der Komfortzonenbewohner gehört.

von sechs Monaten als europäischer Champion zu etablieren! Danke schön, auf Wiedersehen.» Beim nächsten Vorstandstreffen kann der Chef dann brillieren: «Klar, das Ding läuft. Wir sind die Ersten, die es einsetzen. Eine entsprechende Pressemitteilung ist schon raus. Damit beweisen wir unsere Innovationskraft und natürlich den Anspruch auf die Marktführerschaft.» Und ich beweise, welch kreativer, cooler Manager ich doch bin – mag sich der Chef noch insgeheim denken.

Manchmal kommt mir dieses Getue vor wie jene Wettrennen, die testosterongeplagte Jünglinge mit ihren tiefer gelegten und spoilerbewehrten Corsas und Polos in den tristen Städten des Ruhrpotts veranstalten. Auch dort ist die Leistungsmotivation extrem hoch. Es geht aber nur um die Leistung als Selbstzweck und nicht mehr darum, sich möglichst schnell und elegant von A nach B zu bewegen. Das Rennauto der Subkompaktklasse dient nicht mehr als Mittel zum Zweck, sondern dazu, das eigene Ego darzustellen. Man könnte mit diesen aufgemotzten Sportgeräten auch eine Reise nach Lugano machen oder sich mit der netten Internetbekanntschaft auf Sylt treffen, aber man tut es nicht. Man nutzt diese Gerätschaften nur, um zu demonstrieren: Ich bin stark, ich bin schnell, ich bin cool, ich bin der Größte, ich habe die angesagtesten Spoiler und überhaupt das krasseste Auto.

Wie auch immer: Stellt sich dann nach einiger Zeit heraus, dass ein Unternehmen trotz angesagtem Tool oder allerneuster Heilslehre nicht über Nacht zum Marktführer geworden ist, ist natürlich nie der Chef schuld oder der Vorstand oder sonst wer, sondern immer das Tool. Wie überaus praktisch! Man kann sich als innovativer, kreativer Held inszenieren, wenn's nicht klappt, ist das auch nicht weiter schlimm, einen Schuldigen kriegt man ja gratis gleich mitgeliefert. Und das nächste Allheilmittel wartet sowieso schon in der nächsten Ausgabe des «Harvard Business Manager». Eigentlich kein Wunder, dass Tool-Hopping zu den Lieblingsdisziplinen der Komfortzonenbewohner gehört. Noch einmal zur Sicherheit: Ein neues Tool löst keine Probleme – solange es nicht angemessen implementiert und nachhaltig genutzt wird. Übrigens bin ich sicher: Wären vor zwanzig Jahren die damals gängigen Managementtools richtig genutzt worden, hätten wir heute einige Probleme weniger, die uns die Stimmung vermiesen.

Und so werden gute und sinnvolle Tools zu reinen Statussymbolen degradiert. Jürgen und Peter haben das ja wunderbar vorgemacht. Und mal im Ernst: Glauben Sie wirklich, dass Dr. Hiller morgens um viertel nach sechs unterwegs im Auto die neusten Zahlen aus dem Management-Cockpit benötigt? Würde der Konzern zusammenbrechen und die Welt gleich mit untergehen, wenn er diese Zahlen nicht hätte? Wohl kaum. Aber sie sind eben verfügbar. Sie waren es auch in den letzten drei Jahren. Und so ist das mit den Statussymbolen: Etwas, das man mal hatte, gibt man so schnell nicht wieder her. Und wenn es zur täglichen Routine des Herrn Dr. Hiller gehört, jeden Morgen nach dem Weckerrappeln um 5.30 Uhr noch auf dem eigenen Laufband nach dem Blackberry zu greifen und die neusten Informationen aus dem Management-Cockpit zu lesen, dann geht es ihn hart an, wenn er das auf einmal nicht mehr hat und kann. Er ist einfach daran gewöhnt, im Sportdress zu überprüfen, wie die Absatzzahlen in Japan waren, und daraufhin gleich hektisch auf seinem Blackberry herumzutippen und irgendwelche Nachrichten in die Welt zu schicken, während ihm die Schweißperlen noch von der Stirn tropfen.

Ich halte das übrigens für ziemlich grotesk: auf Flughäfen, auf Bahnhöfen, in Zügen, in Meetings mit ansehen zu müssen, wie irgendwelche hochbezahlten Menschen sich damit abmühen, auf diesem Blackberry genannten Mäuseklavier herumzuspielen. Das ist doch erniedrigend! Merken die eigentlich nicht, was sie da tun? Wie auch immer: Männer brauchen anscheinend Spielzeug. Jeder hat so sein ganz persönliches Hightech-Spielzeug. Ich natürlich auch. Mehr verrate ich dazu aber nicht!

Jürgen und Peter im Lego-Land

Leider sind es nicht nur Managementtools und -methoden, die wie die Säue durchs Dorf getrieben werden. Auch der Umbau ganzer Organisationen gehört zu den Statussymbolen der Unternehmenslenker. Im Ernst? Ja, Sie haben richtig gelesen. Organisationsumbau ist tatsächlich was für kleine Jungs. Die Organisation als Lego-Land, um mal im Bild zu bleiben. Ich kenne eine Personalentwicklerin, die für einen weltweit agierenden Konzern arbeitet. Neulich rief ich sie an.

Zu Beginn unseres Gesprächs fragte ich sie, wie es ihr gehe. «Och, du, es geht grad mal wieder hektisch zu, wir stecken mitten in einer Umstrukturierung. Es ist also alles wie immer. So eine Neuorganisation bricht ja ungefähr jedes halbe Jahr über uns herein. Ich mach dieses Mal aber nicht mit, bin immer noch ganz erledigt vom letzten Mal. Ich setze bei dieser Umstrukturierung einfach mal aus.»

Unglaublich. Ich wollte wissen, wie sie sich das vorstellt, und sie fuhr fort: «Ehe das Jahr um ist, steht sicher die nächste Umbaumaßnahme an, da kann ich mich dann ja wieder einklinken. Es ist doch sowieso immer dasselbe: Abteilungen und Positionen werden umbenannt, Visitenkarten neu gedruckt, Ordner neu beschriftet und Etiketten umgeklebt. Letzten Endes bleibt jeder in seinem Sessel und auf seinem Posten sitzen und macht so weiter wie bisher. Ist ja eigentlich auch gut so. Wenn meine Kollegen und ich immer alles so umsetzen würden, was die sich da oben alle paar Monate ausdenken, hätten wir hier ein heilloses Chaos. Wie sollten wir denn da noch unser Tagesgeschäft erledigen? Und unsere Kunden bedienen?» Ihr tiefes Seufzen sprach Bände.

Was treibt Führungskräfte nur dazu, immer wieder die Lego-Kiste auszupacken und Baumeister spielen zu wollen? Ich sehe es als fast schon reflexhaftes Verhalten: Manager merken, dass etwas nicht funktioniert, dass die Organisation nicht rund läuft, nicht den erhofften Erfolg bringt, also bauen sie erst einmal alles um. Kleine Jungs machen das auch so. Wenn Mäxchen merkt, dass er die Ritterburg nicht so bauen kann, wie sie auf der Schachtel dargestellt ist, dann tritt er lieber alles ein und baut etwas Neues. Anstatt konsequent der Bedienungsanleitung zu folgen. Oder seinen großen Bruder zu fragen. Oder es am nächsten Tag noch einmal zu probieren. Oder sich in Geduld zu üben und auch mal Frust auszuhalten. Sicher: Auf Mäxchens eigene Kreativität hat das Eintreten und Neubauen schon einen positiven Effekt. Er kann sich eine komplett neue Burg ausdenken und sie ganz nach sei-

Merkt der Chef, dass der Laden nicht läuft, wird erst einmal umgebaut.

nen Wünschen und Ideen gestalten. Aber darum geht es hier ja gar nicht. Es geht hier darum, dass auch diese Kreativität und diese Ideen nichts nützen, weil Klein Max nicht in der Lage ist, diese kreativen Ideen so umzusetzen, dass sie Bestand haben. Er wird auch diese hochkreative Burg nicht zu Ende bauen.

Und genauso läuft es in den Führungsetagen dieser Welt ab. Merkt der Chef, dass der Laden nicht läuft, wird erst einmal umgebaut. So verschafft er sich etwas Luft und kann dem Erfolgsdruck ausweichen. «Klar, Herr Vorstand, im Moment sehen die Zahlen nicht so toll aus. Aber sobald die Umstrukturierung greift, werden wir auf dem Weg zur Marktführerschaft nicht mehr aufzuhalten sein!» Und bis es so weit ist, hat der Chef natürlich schon längst die nächste Hierarchiestufe erklommen. Dass er dort die Burg seines Vorgängers vorfindet, ist nicht weiter schlimm. Die kann man einfach eintreten und sich eine neue hinbauen. Sprich: Auch hier wird der Laden erst einmal umgekrempelt. Schließlich muss ein neuer Chef seine Duftmarke setzen. Wie sollen die Mitarbeiter sonst merken, dass jetzt ein anderer Wind weht? Dass einer seiner Vorgänger schon einmal eine ganz ähnliche Burg gebaut hat, interessiert ihn deshalb nicht weiter. Es kommt nicht darauf an, was der Organisation nützt, sondern auf das, was ihm und seinem beruflichen Fortkommen dienlich ist, nicht wahr? Und dass er sich dafür fürstlich bezahlen lässt, versteht sich von selbst.

Füße vom Tisch!

Auch immer wieder gern genommen im Kreise der Jürgens und Peters: Managementphilosophien jeglicher Spielart. Führen mit Tiervergleichen – Hunden, Affen, Schlangen, um nur einige zu nennen. Von strategisch denkenden Mäusen über prinzipienreitende Pinguine bis hin zu pferdeflüsternden Managern und einsam vor sich hin heulenden Alphawölfen: Ja, was denn noch alles, um Himmels willen? Warum muss das Feedback auf meinen Führungsstil ausgerechnet von einem Gaul kommen?

Management by objectives, das Führen mit Zielen, wird ebenfalls als Allheilmittel gehandelt, und das schon seit ungefähr 25 Jahren. Von der Grundidee her halte ich dieses Führungsinstrument für absolut richtig und clever. Viele Unternehmen setzen es ein. Allerdings kenne ich bisher kein einziges Unternehmen, das es auch konsequent umsetzt und lebt. Sollte das bei Ihnen der Fall sein, lassen Sie es mich bitte umgehend wissen! Zu Zeiten, als ich noch als Führungskraft in einer Bank angestellt war, hatte ich einen sehr pfiffigen Mitarbeiter. Ich nannte ihn immer das personifizierte Pareto-Prinzip. Dieser Mitarbeiter war Kundenberater, er hatte fünfzig bis sechzig Kunden zu betreuen. Seine Kollegen hatten wesentlich mehr Kunden. Dennoch brachte mein Mitarbeiter die besten Erträge zustande. Er übertraf sogar seine Ziele mühelos. Man hätte also durchaus auf die Idee kommen können, dass seine Ziele zu niedrig gesteckt waren. Das waren sie aber nicht. Seine Ziele waren mit denen seiner Kollegen vergleichbar. Er hatte einfach den Bogen raus.

Die Kunden, die nicht genügend Erträge brachten, stieß er konsequent ab. In die anderen investierte er dagegen viel Energie. Und bekam es mit noch mehr Erträgen gedankt. Dieser Mitarbeiter konnte mittags die Füße auf den Tisch legen und wie Trappatoni sagen «Ich habe fertig!» Einer meiner anderen Mitarbeiter hatte dagegen 130 Kunden, saß oft noch nach 21 Uhr am Schreibtisch und stand trotzdem dreimal die Woche vollkommen gestresst vor mir und bat um die Erlaubnis, seinen Kunden irgendwelche supergünstigen Sonderkonditionen einräumen zu dürfen. Seine Ziele erreichte er dennoch nicht.

Management by objectives ist auch nicht mehr als ein hübsches, geblümtes Deckmäntelchen.

Gemäß Management by objectives hätte mein Paretopraktizierender Mitarbeiter eigentlich mittags nach Hause gehen können. Schließlich hatte er seine Ziele erfüllt. Im Geschäftsalltag ließ sich das aber nicht umsetzen. Schließlich hatte er einen Vollzeitarbeitsvertrag und musste diesen erfüllen. Außerdem vermieste er seinen Kollegen durch das demonstrative Ich-bin-schon-fertig-ihr-etwa-nicht die Laune. Die Arbeitsmoral ging in den Keller. Hin und wieder belohnte ich ihn, indem ich ihn mittags einfach nach Hause schickte: «Ach, Herr Müller, Sie haben doch jetzt noch einen Termin, oder?» «Nö, ich hab keinen Termin, wie kommen Sie denn darauf?» «Doch, klar haben Sie einen Termin!» «Nein, wirklich nicht, in meinem Kalender steht auch keiner drin!» «Doch, Herr Müller, ich weiß es ganz genau!» Irgendwann hatte er dann kapiert, der Herr Müller, dass ich ihn einfach nach Hause schicken und die Kollegen von seinem provozierenden Anblick befreien wollte.

Um es noch einmal zu sagen: Management by objectives wird zwar in vielen Unternehmen hoch gehängt, will aber tatsächlich einer nach der Erreichung seiner Ziele nach Hause gehen, zeigt sich ganz schnell: Management by objectives ist auch nicht mehr als ein hübsches, geblümtes Deckmäntelchen. Unter diesem gilt nach wie vor die Devise: Mitarbeiter werden für die Anwesenheit bezahlt, nicht für die Erreichung irgendwelcher Ziele. «Führen mit Zielen» sollte jedoch in letzter Konsequenz heißen: Ziel erreicht – der Mitarbeiter kann Feierabend machen – unabhängig von der Uhrzeit. Und das traut sich in den Unternehmen niemand. Stattdessen wird ein Mitarbeiter, der um 17.30 Uhr das Unternehmen verlässt, von seinen Kollegen hämisch mit der Frage verabschiedet «Na, nimmst wohl heute einen halben Tag Urlaub, was?» Der Fokus liegt also auf dem falschen Ende. Führen mit Zielen ist zwar eine nette Idee, die sich aber noch immer nicht in allen Konsequenzen durchgesetzt hat. Und wer als Führungskraft darauf besteht, dass der Mitarbeiter im Haus bleibt, obwohl er seine Ziele längst erreicht hat, propagiert eine kuschelige, aber leider falsche Solidarität. «Du musst jetzt schon an Bord bleiben, bei der Mannschaft, bei den anderen!», lautet dann die Botschaft, der ein deutlich erhobener Zeigefinger innewohnt. «Du kannst doch nicht einfach gehen und dein Nest verlassen!»

Eine solche Führungshaltung setzt allerdings genau den falschen Anreiz. Wer als Chef propagiert, «Zielerreichung ist wichtig», aber auf einer anderen, unterschwelligen Ebene bloße Anwesenheit belohnt, entzieht seinen Mitarbeitern jeglichen Anreiz. Es lohnt sich für die Mitarbeiter nicht, die Ziele zu erreichen oder gar überzuerfüllen. Sie müssen ohnehin den ganzen Tag in der Firma verbringen. Im Gegenteil: Wenn sie ihre Ziele schneller erreichen als die Kollegen, werden sie noch für die miese Stimmung und die Neiddebatte verantwortlich gemacht, die dann ausbricht. «Guck mal, der Müller ist schon wieder fertig mit seinem Tagwerk.» «Ja, kein Wunder, der hat auch die allereinfachsten Kunden, und die hat er außerdem von seinem Vorgänger übernommen. Aufbauarbeit hat der doch noch nie leisten müssen!»

Kommunizierte und unterschwellige Erwartungen unterscheiden sich also deutlich voneinander – und daran zeigt sich, dass die Managementphilosophie «Führen mit Zielen» weder konsequent implementiert noch nachhaltig genutzt wird. Hier liegt vielmehr eine echte Fehlsteuerung vor. Was am Ende dabei herauskommt: eine leistungsfeindliche und pseudosolidarische Atmosphäre. Kuscheligkeit im fortgeschrittenen Stadium.

Manager mit ADS

Ziemlich kuschelig machen es sich die Managementphilosophie-Junkies auch gern auf irgendwelchen Führungszirkeltreffen. Kultur des Führens, Herausforderung des Führens, Führung im 21. Jahrhundert, ethische Führung, Führung mit Werten – so oder so ähnlich lauten dann die Themen, mit denen sie sich beschäftigen. Dies natürlich im gediegenen Ambiente klösterlicher Seminartrakte in weinberggesäumten Weltkulturerbestätten. Da werden gut gelaunt irgendwelche Unternehmensleitbilder entwickelt, die man dann den Mitarbeitern ungefragt an die Wand nagelt. Solange die Zeiten gut sind, ist ja auch Energie für so etwas da. Wenn es etwas heißer zu und her geht, hat

Manchmal scheint es mir, dass nicht nur Kinder, sondern auch Führungskräfte unter einem Aufmerksamkeitsdefizit-Syndrom leiden.

wieder keiner die Zeit für diese Dinge. Da gibt es dann keine Diskussionen mehr. Bedenken Sie: Auch Unternehmensleitbilder sind gut und wichtig – solange sie nachhaltig implementiert und genutzt werden (und bestenfalls gemeinsam mit den Mitarbeitern entwickelt werden, aber dazu im nächsten Kapitel mehr). In den meisten Unternehmen wird das allerdings etwas vernachlässigt. In Zeiten der Krise gelten die Werte, die man sich sonst PR-trächtig auf die Fahnen schreibt, nichts mehr – aufgrund scheinbar eingeschränkter Handlungsalternativen. Dabei sind die Werte eines Unternehmens genau das, was den Laden in Krisenzeiten zusammenhält! Leider kann man das Leitbild eines Unternehmens nicht in Zahlen und Fakten ausdrücken. Für viele Zahlen-Daten-Fakten-Menschen ist das jedoch Voraussetzung dafür, dass sie überhaupt mit der Wimper zucken.

Nur wer Unternehmensleitbilder oder -werte in guten Zeiten entwirft und implementiert und in schlechten Zeiten daran festhält und sie erst recht in den Fokus rückt, agiert nachhaltig und konsequent. Zu Recht: Denn die Werte eines Unternehmens sind stabil – ganz egal, ob nun gerade eine Schönwetterlage herrscht oder sich das nächste Tiefdruckgebiet nähert. Wenn die Werte beim leisesten Donnergrollen vom Sockel gestoßen werden und nichts mehr gelten, geraten sie zur Farce. Dann werden sie unglaubwürdig und beliebig. Wenn Mitarbeiter schon das dritte Mal erleben, dass einmal vereinbarte Dinge mit Füßen getreten werden, schwindet jegliches Vertrauen. Dann ziehen sie sich aus der Umsetzung solcher Werte und Leitlinien zurück. «Das kennen wir ja schon. Alles leere Phrasen. Wenn es hart auf hart kommt, stehen sowieso nicht mehr wir im Mittelpunkt, wie hier behauptet wird, sondern die Bonuszahlungen an die Vorstände.» Vorsichtshalber betone ich es an dieser Stelle noch einmal: Das Instrument, das Tool, die dahinterstehende Philosophie sind auch hier gut und richtig. Sie müssen allerdings konsequent umgesetzt werden, in guten wie in schlechten Zeiten, damit sie nachhaltig Wirkung zeigen und sich entfalten können. Und gerade in Krisenzeiten bieten Werte die notwendige Sicherheit und Orientierung für alle.

Und so herrscht in den Unternehmen vor allem eins: Quantität statt Qualität. Lieber das 698. Tool einführen, weil es gerade so in ist, als das eine, das wirklich passt. Lieber das 85. Plakat mit Unternehmenswerten aufgehängt, als mal einen Gedanken zu Ende zu denken. Lieber in blinden Aktionismus verfallen als einzugestehen: Ich brauche Zeit, um mehrere Lösungsmöglichkeiten zu entwickeln, und dann brauche ich noch mehr Zeit, um mich für die beste Lösung zu entscheiden. Das Ergebnis: höher, schneller, weiter. Aktionismus statt Qualität. Inhaltsloses Gequatsche. Manchmal scheint es mir, dass nicht nur Kinder, sondern auch Führungskräfte unter einem Aufmerksamkeitsdefizit-Syndrom leiden. Sie können sich weder konzentrieren noch still sitzen noch zuhören. Sie können stundenlang daherreden, ohne etwas zu sagen. Ihre Umwelt aber nimmt sie als hoch aktiv wahr, immerzu ist etwas in Bewegung. Sie können sich nicht konzentrieren und nicht bei der Sache bleiben. Und genau deswegen treten sie auf der Stelle. Das Ganze reicht aber noch tiefer: Genauso wenig wie Familien an ihre ADS-Kinder herankommen, genauso wenig erreichen Mitarbeiter ihre Chefs. ADS-Kranke sind Narzissten. Alles dreht sich um sie selbst. Alles, was sie haben wollen, wollen sie für sich selbst. Sie können sich auf nichts einlassen, außer auf das, was sie selbst für sich anstreben.

Eine ausgekuschelte Führungskraft dagegen weiß, dass Konsequenz und Beharrlichkeit in Bezug auf eine Idee, ein Tool, eine Führungsphilosophie weder altmodisch noch dumm sind, sondern unweigerlich Erfolg und Qualität nach sich ziehen werden. Deshalb: Machen Sie Ihr Ding! Machen Sie sich vor allem unabhängig von schlauen Beraterergüssen und Kollegen, die hohles Geschwätz über das neuste, coolste, hundertprozentig wirksame Management-Tool absondern! Spielen Sie dieses Spiel nicht mehr mit! Lassen Sie sich nicht fremdsteuern! Überlegen Sie sich vielmehr, was Sie wirklich brauchen in Ihrer Situation, in Ihrem Unternehmen. Wählen Sie das Tool aus, das den Bedürfnissen und Zielen Ihres Unternehmens entspricht. Vielleicht ist das ja durchaus das angesagte Super-Tool mit

automatischer Selbstimplementierung und Erfolgsgarantie. Aber
wenn Sie sich einmal dafür entschieden haben, dann bleiben Sie auch
dabei! Implementieren Sie es gründlich und wenden Sie es beharrlich
an. Ignorieren Sie, dass am Horizont schon das nächste tolle Tool
wartet und in den einschlägigen Fachmedien über den grünen Klee
gelobt wird. Nehmen Sie vor allem Ihre Mitarbeiter mit auf diese
Reise! Schulen Sie Ihre Mitarbeiter auf allen Ebenen. Passen Sie auf,
dass sich keiner klammheimlich ausklinkt! Und denken Sie immer
daran: Beharrlichkeit ist wichtiger als Kreativität. Denn alle Kreativität nützt nichts, wenn daraus nur Ideen erwachsen, die nicht produk-
tiv umgesetzt und genutzt werden.

Korridor der Nachhaltigkeit

*Konsequent führen als Mittel, den Korridor der Nachhaltigkeit nicht zu
verlassen.*

Um derart ausgekuschelt unterwegs sein zu können, bedarf es natürlich einiger Schlüsselqualifikationen. Dazu gehört Beharrlichkeit. Es
gilt, einen einmal eingeschlagenen Weg konsequent zu gehen. Natürlich gibt es auf diesem Weg die Möglichkeit, mal etwas nach rechts

oder links auszuweichen. Aber grundsätzlich muss klar sein: Dieser Weg ist es und wir gehen ihn bis zum Ende – auch wenn er sich unterwegs von einer sechsspurigen Autobahn in einen Feldweg verwandeln sollte.

Weitere Fähigkeiten sind wichtig: Selbstdisziplin. Die Bereitschaft, hart zu sich selbst zu sein. Frustrationstoleranz – vor allem sie. Die Frage lautet ja immer: Wann gebe ich auf? Nicht nur bei der Einführung eines Tools oder einer Philosophie steht derjenige, der über Beharrlichkeit verfügt, eben fünfmal auf, wenn er fünfmal hingefallen ist. Vielleicht tut er dies auch zehnmal. Das hängt dann ganz vom Grad seiner Frustrationstoleranz ab. Wenn man neue Tools oder Prozesse implementiert, sollte man sich eines bewusst machen: Menschen – sprich: Mitarbeiter – brauchen ihre Zeit, um sich an die Neuerungen zu gewöhnen. Man sollte also als Führungskraft einkalkulieren, dass die Einführung länger dauern kann als geplant oder schwieriger läuft als befürchtet. Rückschläge müssen also hingenommen, ja eigentlich von vornherein einbezogen werden. Widerstände müssen akzeptiert werden.

Und noch etwas: Beteiligen Sie sich als ausgekuschelter Chef am Veränderungsprozess. Gehen Sie diesen Weg mit – besser vor – Ihren Mitarbeitern. Leisten Sie Überzeugungsarbeit! Es reicht nicht, wenn Sie Ihren Mitarbeitern eine E-Mail mit zahllosen Anhängen schicken und verkünden: Hier kommt das Tool, viel Spaß damit! Lassen Sie auch zu, dass Sie selbst sich ändern (müssen), dass Sie Ihre Verhaltensweisen ändern, dass Sie manche Dinge anders machen, als Sie das bislang gewohnt waren. Raus aus der eigenen Komfortzone! Und bleiben Sie am Ball! Nur Beharrlichkeit ist der Nährboden des zu erzielenden Nutzens. Nicht das Tool, die Philosophie – oder das Pferd.

Kapitel 10

Mit dem richtigen Team ist jede Strategie die richtige

Warum dem Expeditionsleiter ein Kompass nichts nützt, wenn er allein unterwegs ist

Konzepte entwerfen, Organigramme neu gestalten, Excel-Sheets füllen, Präsentationen gestalten – abends, nach Feierabend, wenn im Büro endlich Ruhe eingekehrt ist und die ewig schnatternden Mitarbeiter schon längst auf der heimischen Couch liegen: Das ist toll, das macht Spaß. Ich plane, also bin ich. So etwas können nur echte Führungskräfte. Die haben schließlich den erforderlichen Überblick und die nötige strategische Denkweise. Sicher haben sie das. Sonst wären sie ja keine Führungskräfte geworden. Was viele von ihnen aber auch haben: Angst vor ihren Mitarbeitern. Angst vor Widerstand. Angst vor Schwierigkeiten. Deshalb ziehen sie sich lieber in ihre sichere und kuschelige Bürohöhle zurück, planen alleine vor sich hin, ganz strategisch, ganz klar, ganz kühl. Und lassen die Mitarbeiter außen vor. Beziehen sie nicht mit ein, gewinnen sie nicht für ihr Vorhaben, machen sie sich nicht zu Verbündeten und Mitstreitern, profitieren nicht von ihren Ideen und ihrem Know-how. Schade eigentlich. Denn im Kuschelkämmerchen entworfene Strategien, Pläne, Konzepte erreichen lediglich Gottschalk-Niveau: Wetten, dass es schiefgeht?

Diese Erfahrungen mussten auch zwei Vorstände eines Klinikverbundes in Österreich machen. Der Verbund hat seinen Hauptsitz in Wien. Zu ihm gehören mehrere Kliniken, die über das ganze Land verteilt ihre Standorte haben, teilweise sogar mehrere an einem Ort. Bislang hatte der Vorstand des Verbunds vier Mitglieder. Der Aufsichtsrat möchte den Vorstand jedoch um zwei Mitglieder reduzieren, also halbieren. Die Arbeitsverträge von zwei Mitgliedern enden noch im laufenden Geschäftsjahr. Der Vorstandsvorsitzende wird nächstes Jahr in Rente gehen. Es gibt also lediglich einen Vorstand, der nicht in Rente geht und dessen Arbeitsvertrag nicht in absehbarer Zeit endet. Er heißt Hans. Leider kann er mit dem Vorstandsvorsitzenden – der noch ein Jahr dem Vorstand angehören wird – nicht gut. Er will nicht mit ihm arbeiten. In der nächsten Aufsichtsratssitzung verkündet er: der oder ich. Er setzt sich durch. Sein Kollege wird unter einem Vorwand in den vorzeitigen Ruhestand geschickt und ein Nachfolger für ihn gefunden – Thomas.

Und weil jetzt – mit einem reduzierten und neu besetzten Vorstand – die Zeichen auf einen Neustart gesetzt werden müssen, legen sich Hans und Thomas so richtig ins Zeug. Sie denken über eine neue Strategie nach, wie der Klinikverbund fit für die nächsten Jahre gemacht werden kann, und kommen zu diesem Ergebnis: Da die einzelnen Kliniken von jeweils einer Führungskraft geführt werden und es Standorte gibt, an denen jeweils mehrere Kliniken mit den dazugehörigen Führungskräften angesiedelt sind, wollen Hans und Thomas das Management dieser Kliniken in eine Hand geben – zumal die Organisation insgesamt schlanker werden soll. Ein fairer Plan – finden die beiden, zumal ja wohl jeder vernünftige Mitarbeiter nachvollziehen kann, dass man nicht mehrere Klinikmanager an einem Standort braucht.

Aus zwölf mach acht – so lautet also die Devise. Von bislang zwölf Klinikmanagern können acht bleiben. Welche das sind – das wissen Hans und Thomas leider auch nicht! Dafür reiten sie auf einer Welle des Verständnisses und Mitgefühls für die Klinikmanager und hecken einen Plan aus, den sie für unüberbietbar transparent und fair halten: Alle Klinikmanager sollen sich neu bewerben. Und um zu demonstrieren, wie transparent und fair alles im Klinikverbund zugeht, bekommen die Klinikmanager gleich noch die Aufgabe, mit ihrer Bewerbung einen ausgearbeiteten Vorschlag für ein neues Organigramm zu liefern. Sie sollen kundtun, wie sie sich die Neuorganisation des Unternehmens und eine entsprechende Geschäftsstrategie für die nächsten Jahre vorstellen.

Die Zukunft gehört der Gefäßchirurgie!

Fair und transparent. Dass ich nicht lache. Da denken sich Hans und Thomas im stillen Kämmerlein eine Strategie und das dazugehörige Organigramm aus und laden dann diejenigen, die sie zu einem guten Teil loswerden wollen, dazu ein, genau dasselbe zu tun. Noch einmal zum Mitschreiben: Von denjenigen, denen sie gerade eine Strategie überstülpen, erwarten sie, dass sie erstens eine weitere Strategie entwerfen – einfach, um zu schauen, was denen noch so einfällt – und sich zweitens für ihre eigenen Jobs bewerben. Noch zynischer geht's wohl kaum. (Mal ganz abgesehen davon, dass ein Vorstand, der nach fünf Jahren Vorstandstätigkeit nicht weiß, welchen seiner Manager er behalten will und welchen nicht, selbst rausgeschmissen gehört.) Hans und Thomas geht es hier also nur um eins: Sie wollen den Eindruck erwecken, dass es transparent und fair zugeht. Sie wollen sich selbst beruhigen. Sie wollen weiterkuscheln.

Dazu passt, dass sie keinen Gedanken daran verschwenden, ob die Strategie, die sie sich ausgedacht haben, zu den jeweiligen Gegebenheiten vor Ort passt. An den einzelnen Standorten sind Subkulturen entstanden, geprägt von den jeweiligen Klinikmanagern, aber auch von fachlichen Schwerpunkten, die die Ärzte vertreten. Diese Besonderheiten der Standorte negieren sie mit ihrem Plan. Sie unterstellen den Klinikmanagern, dass sie sowieso keine Ahnung davon haben, was für die Kliniken an den jeweils anderen Standorten gut ist. Hauptsache, *sie* haben eine Ahnung – Hans und Thomas, die noch nie in ihrem Leben eine Klinik gemanagt haben. Und noch etwas geschieht: Die Klinikmanager sollen unmündig gemacht werden. Das Überstülpen einer einheitlichen Strategie – die Lieblingsdisziplin der klassischen Konzernführung – entbindet sie von der Notwendigkeit, unternehme-

Sie wollen sich selbst beruhigen. Sie wollen weiterkuscheln.

risch und selbstständig zu agieren. Aber genau das erwarten Hans und Thomas von ihnen – sonst würden sie sie ja nicht auffordern, mit ihrer Bewerbung ein Strategiepapier inklusive Organigramm einzureichen. Einfach hirnverbrannt!

Mir fallen noch viele Gründe ein, warum Hans' und Thomas' Plan nicht aufgehen wird: Sie haben keine klaren Kriterien, nach denen sie sich bei der Entscheidung für den einen oder anderen Klinikmanager richten werden. Die Bewerber wissen also nicht, worauf sie ihre Bewerbung ausrichten müssen. Außerdem geben Hans und Thomas den Führungskräften aus der zweiten Reihe keine Chance, sich zu bewerben. Wären sie nur ein bisschen pfiffiger, wüssten sie es: In der zweiten Reihe findet man oft die besten Talente, ehrgeizig und leistungsbereit. Hinzu kommt: Wenn man die erste Ebene ausdünnt, hat die zweite Ebene auf Jahre hinaus wenig Aufstiegschancen. Auch das ist frustrierend. Hans und Thomas fragen sich außerdem nicht, was mit den Verlierern ihres ach so fairen und transparenten Ausleseverfahrens geschehen soll. Denn auch die müssen irgendwo untergebracht werden. Und noch etwas: Das Neuausschreibungsverfahren könnte aufseiten der Klinikmanager als Misstrauensvotum gewertet werden. Denn eigentlich muss ein Vorstand wissen – ich sagte es weiter oben schon –, auf welche Führungskräfte er zählen kann und auf welche nicht.

Wenn der Expeditionsleiter hungern und frieren muss, nützt ihm auch der schönste Kompass nichts.

Diesem Vorstand hier – und das ist die Moral dieser Geschichte – ist jedoch die Struktur der Unternehmens wichtiger. Ihm ist es wichtiger, vier Klinikmanager loszuwerden. Sein Antrieb: Kosten senken. Das zählt. Dass sich hinter den Kosten Menschen verbergen, zählt nicht. Aber genau auf die kommt es an. Wer zwar zu wissen meint, wo es langgeht, aber vergisst, sein Team mitzunehmen, wird nie ankommen – schließlich hat das Team die Verpflegung und das Zelt im Gepäck, um es bildlich auszudrücken. Wenn der Expeditionsleiter hungern und frieren muss, nützt ihm auch der schönste Kompass nichts. Und Hans und Thomas hätten diese Situation von einer ganz anderen Seite anpacken müssen. Nicht kostengetrieben, sondern sozusagen «menschengetrieben». Sie hätten sich fragen sollen: Wie können wir die zwölf Klinikmanager so einsetzen, dass sie uns einen maximalen Nutzen bringen? Das ist nämlich die Frage aller Fragen.

Mit der Gans über den Weihnachtsbraten reden

Wenn die beiden Vorstände ganz ausgekuschelt gewesen wären, dann hätten sie ihre zwölf Klinikmanager zu einer Klausurtagung eingeladen. Und dort gemeinsam mit ihnen erarbeitet, wie sich der Klinikverbund in Zukunft aufstellen will, um konkurrenzfähig und rentabel zu bleiben. So geht es nämlich und nicht anders: Mitarbeiter sind Menschen. Und Menschen wollen mitgenommen und einbezogen werden. Sie wollen dazugehören. Und wenn sie dazugehören, machen sie auch alles Mögliche mit – sogar Sparmaßnahmen. Das ist simpel und nachvollziehbar. Einfacher geht es kaum. Wahrscheinlich zu einfach für viele Führungskräfte, die sich über undurchschaubare, nicht nachvollziehbare und abgehobene Aktionen definieren. Von der dazugehörigen Nebelkerzenrhetorik mal ganz zu schweigen. Was damit vertuscht werden soll: Unsicherheit. Angst.

Sicher: Eine Klausur mit zwölf Managern, auf der eine tragfähige Strategie für die Zukunft erarbeitet werden soll – das ist kein Spaziergang. Das kann auch mal zum Fürchten sein und wird auf alle Fälle zäh für kuschelige Vorstände. Denn es geht weg von den Strukturen, hin zu den Menschen. Da muss über Sparmaßnahmen diskutiert werden, eingeschränkte Budgets, vielleicht sogar Gehaltseinbußen für jeden einzelnen. Angenehm ist das für einen Vorstand sicherlich nicht, denn die Manager werden Widerstand leisten und sich wehren. Aber ein solches Vorgehen nimmt die Menschen ernst. Und es bietet die Möglichkeit, dass sich ganz überraschende Lösungsvorschläge auftun. Vielleicht will ja einer der Manager sowieso das Unternehmen verlassen. Oder in Rente gehen. Und schon hat sich ein Teil des Problems in Luft aufgelöst.

Die Mitarbeiter auf eine Strategiereise mitzunehmen, bietet unterm Strich also nur Positives. Dieses Vorgehen setzt Dynamik frei, sowohl im Rahmen der strategischen Überlegungen als auch in der anschließenden Umsetzung. Wenn etwas über die Köpfe der Mitarbeiter hinweg geschieht, identifizieren sie sich nicht damit, dann unterwandern sie es, boykottieren es, zerstören es.

«Es wird ja wohl kaum einer den Ast absägen, auf dem er sitzt!» – das ist ein gern vorgebrachtes Argument, das gegen die Beteiligung von Mitarbeitern an Strategieentscheidungen spricht. Vor allem, wenn sie die Reduzierung von Kosten zum Ziel haben. Ein cleverer Vorstand gibt allerdings nicht als Ziel aus: «Wir müssen Kosten einsparen!», sondern: «Wir müssen den Unternehmensgewinn um 15 Prozent steigern!» Um das zu erreichen, müssen nicht unbedingt Personalkosten reduziert werden. Das ist nur eine Möglichkeit von vielen. Man kann seinen Gewinn auch steigern, indem man beispielsweise mehr umsetzt, seine Kundenstruktur ändert (hin zu einer kaufkräftigeren Zielgruppe), sich stärker spezialisiert und dadurch höhere Preise verlangen kann.

Wenn Menschen einbezogen werden, identifizieren sie sich mit den gemeinsam entwickelten Lösungen. Wenn der Vorstand lapidar kundtut: «Vier Klinikmanager werden entlassen!», ist das Unheil programmiert. Da zählen dann sogenannte Headcounts, aber nicht Menschen und deren Leistung. Wenn sich zwölf Klinikmanager zusammensetzen und nach zwei Tagen intensiver Beratung zu dem Schluss kommen: «Okay, wir werden die Belegzahlen erhöhen, indem wir unsere Spezialisierung auf Gefäßchirurgie offensiver vermarkten. Ein Klinikmanager geht jetzt sowieso für ein Jahr in Elternzeit, zwei weitere wollen in den vorzeitigen Ruhestand, wir behalten also neun Klinikmanager und werden damit fit für die Herausforderungen der nächsten Jahre sein, bist du mit diesem Vorschlag einverstanden, lieber Vorstand?» – dann ist klar: Alle werden sich mit dieser Lösung identifizieren und sie mittragen.

Das Zelt bleibt hier!

Warum ist es eigentlich so kuschelig, sich in der Chefhöhle zu verkriechen und Strategien und Organigramme ganz für sich allein zu entwerfen? Was motiviert Führungskräfte dazu, ein «Zutritt für Mitarbeiter verboten»-Schild an die Tür zu nageln, sobald es ans Eingemachte geht? Zunächst einmal: Strategische Überlegungen anzustellen, ist eine kreative Tätigkeit. Manche Menschen brauchen Ruhe und Stille, um wirklich kreativ sein zu können. Die Anwesenheit von anderen Menschen lenkt sie nur ab. Strategische Überlegungen erfordern aber auch ein hohes Maß an Abstraktionsvermögen. Machen wir uns nichts vor: Viele Mitarbeiter haben dieses Abstraktionsvermögen nicht. Und sie können nicht nachvollziehen, dass ein Mensch recht entspannt dabei zusehen kann, wie beispielsweise gerade seine eigene Stelle auf dem Papier wegrationalisiert wird.

Eine solche Situation erlebte ich einmal bei einem Beratungsprojekt, das ich in einer Bank durchführte. Mein Auftrag war es, gemeinsam mit den Führungskräften eine neue Aufbauorganisation zu entwerfen. Der Auftraggeber – eine Führungskraft der oberen Ebenen – saß mit im Lenkungsausschuss des Projekts. Wir gingen strukturiert vor und erarbeiteten verschiedene Lösungsvarianten. Eine der Lösungsmöglichkeiten war es, den Posten des Auftraggebers – dieser hohen Führungskraft – abzuschaffen. Als ich diesen Vorschlag im Lenkungsausschuss präsentierte, erntete ich entsetzte Blicke der Projektmitarbeiter. Wie konnte ich diesen Vorschlag nur machen – wo doch derjenige, dessen Posten gerade als überflüssig bezeichnet worden war, direkt vor mir saß? Ich machte mir da keine Sorgen. Ich wusste, dass diese Führungskraft genügend Abstraktionsvermögen besaß, um eine solche Situation aushalten zu können.

Und genau darum geht es: um die Fähigkeit, einen Schritt hinter das Tagesgeschäft, hinter die eigenen Belange zurücktreten und sich das Ganze von einer höheren Warte aus anschauen zu können. Um beispielsweise ein neues Organigramm zu entwerfen, ist genau diese Fähigkeit entscheidend. Eigentlich alles gut und schön. Wo ist also das Problem? Es versteckt sich hier: Wenn man abstrakt denkt, entfernt man sich ein gutes Stück von den Menschen. Nur dann kann man diese Kunst wirklich ausleben. So gesehen, ist es kein Wunder, dass sich Führungskräfte gerne zurückziehen, wenn sie den Unternehmenskompass neu ausrichten.

Wie gesagt, Chefs sind auch deswegen Chefs, weil sie eben genau das können: differenzieren und abstrahieren. Deswegen macht es ihnen Spaß, sich damit in die Chefklause zurückzuziehen. Bis hierher könnte man ihre Motivation nachvollziehen. Aber alles, was jetzt kommt, steht in meinen Augen stark unter Kuschelverdacht! Denn: Mit ihren Reißbrettorgien demonstrieren Chefs natürlich auch ihre Macht. «Seht alle her! Ich verschiebe Menschen auf dem Papier! Ich inszeniere eine neue Realität! Ich entwerfe eine neue Welt! Ich bin Gott! Und alle müssen das machen, was ich mir ausdenke!» Dabei sind das noch die harmloseren Ausprägungen. Richtig schlimm wird es, wenn Chefs das Reißbrett benutzen, um unliebsame Mitarbeiter loszuwerden. Aber das ist doch richtig hart und ungemütlich und eigentlich genau das Gegenteil von Kuscheln – glauben Sie das wirklich? Nie im Leben! Genau das ist verschärftes Kuscheln! Sozusagen Kampfkuscheln! Denn es ist natürlich viel angenehmer, einen Mitarbeiter mal schnell irgendwohin zu verschieben, als sich mit ihm auseinandersetzen zu müssen. Alles, was an der eigenen Macht und Größe zu kratzen wagt, wird vor die Tür gesetzt. Und deshalb ist das Reißbrett Ausdruck von Macht. Wer Strategien und Organi-

Behalten Sie die richtigen Mitarbeiter und tauschen Sie die falschen aus. Sonst wird es unweigerlich Ärger geben.

gramme entwirft – sprich: Wer den Kompass in der Hand hält –, der sagt den anderen, wo es langgeht. Der hat die Macht. Der ist der Boss. Leider nur in seiner Fantasie. Denn das Team trägt Zelte und Verpflegung derweil woanders hin.

183

Mut zur Lücke

Mit dem richtigen Team ist jede Strategie die richtige. Heißt das: Fahren Sie doch irgendeine Strategie, ganz egal, Ihre Leute werden's schon richten? Im Prinzip: Ja, es heißt genau das. Der Haken an der Sache: Es klappt nur, wenn Sie auch tatsächlich das richtige Team haben, also wenn Sie Ihre Mitarbeiter richtig ausgewählt haben. Das ist die Voraussetzung. Es ist Ihre Aufgabe als Führungskraft, sich Ihre Mitarbeiter genau anzuschauen und sich zu fragen: Kann ich mit diesen Mitarbeitern erfolgreich agieren – und zwar unabhängig von der Hierarchieebene? Und dann müssen Sie Entscheidungen treffen: Behalten Sie die richtigen Mitarbeiter und tauschen Sie die falschen aus. Sonst wird es unweigerlich Ärger geben.

Wenn Sie einen führungsbedürftigen Drachen wie Edelgard Dennewitz aus Kapitel 1 auf eine Führungsposition setzen – weil es vielleicht ihrer Seniorität und der Dauer ihrer Firmenzugehörigkeit entsprechen würde –, können Sie sicher sein, dass Sie ihr blaues Wunder erleben. Denn Edelgard Dennewitz wird nie in der Lage sein, das zu tun, was von ihr bzw. ihrer Rolle erwartet wird. Sie wäre die falsche Person für diesen Posten. Solche Mitarbeiter müssen Sie sich schlicht und einfach vom Hals schaffen. Und zwar schnell. Nicht nur zu Ihrem und des Unternehmens Wohl – sondern auch zum Wohl des jeweiligen Mitarbeiters. Denn ein Mensch auf dem falschen Posten – also auf dem Posten, der nicht zu ihm passt – wird so oder so nicht glücklich. Weil er seine Aufgaben nicht erfüllen kann. Weil er überfordert ist.

«Aber so etwas kann man doch nicht machen! Wenn ich jemanden rausschmeiße, nur weil er nicht das perfekte Teammitglied ist – dann verliert er doch sein Gesicht!» – ist es das, was Sie denken? *Die* Sorge kann ich Ihnen nehmen: Dieser Mitarbeiter hat schon längst sein Gesicht verloren. Jeder im Team hat vor langer Zeit mitbekommen, dass er eine Pfeife ist, ich schwöre es Ihnen. Und ich verspreche Ihnen noch etwas: Wenn Sie diesen Schritt erst einmal getan haben, werden nicht nur einige, sondern alle Ihre Mitarbeiter Ihnen früher oder später sagen: «Wurde aber auch Zeit, dass Sie endlich handeln. Das war genau die richtige Entscheidung!» Selbst der Mitarbeiter, den Sie aus dem Team befördert haben, wird irgendwann den Sinn dieser Maßnahme erkennen. Und Ihnen vielleicht sogar dankbar sein, weil er letztlich auf einem Posten oder in einem Unternehmen gelandet ist, der bzw. das viel besser zu ihm und seinen Fähigkeiten passt.

Falsche Entscheidungen gehören aber nun mal dazu. Menschen machen Fehler. Auch Sie.

Deshalb: Kurzfristig betrachtet ist es vielleicht leichter und angenehmer, nicht ausreichend qualifizierte Mitarbeiter in Ihrem Team zu belassen und irgendwie durchzufüttern. Sie ersparen sich so ein möglicherweise unkuscheliges und unangenehmes Gespräch. Und eine Entscheidung gegen einen Menschen. Langfristig jedoch fügen Sie sich, Ihren Mitarbeitern und Ihrem Unternehmen beträchtlichen Schaden zu, wenn Sie nicht dafür sorgen, dass Sie nur die besten Mitarbeiter haben. Sicher: Hin und wieder passiert es, dass man eine falsche Entscheidung trifft. Dass man einen Mitarbeiter hinauskickt, den man besser behalten hätte. Falsche Entscheidungen gehören aber nun mal dazu. Menschen machen Fehler. Auch Sie. Das Leben birgt ein gewisses Restrisiko. Aber wenn Sie Ihre Mitarbeiter gut beobachten, wenn Sie genau schauen, wer welchen Einsatz bringt, wer welche «Bestellungen» aufgibt, dann müssen Sie sich um falsche Entscheidungen eher wenig Gedanken machen. Denn Sie haben sich dann eine gute Basis erarbeitet, um die richtigen Entscheidungen treffen zu können.

Wenn Sie also am Ende ein Team aus unternehmerisch denkenden Mitarbeitern haben – und genau solche brauchen Sie! –, sind Sie fein raus. Denn solche Mitarbeiter können Sie einsetzen, wo Sie wollen. Sie werden immer einen guten Job machen. Sie werden Ihnen vielleicht auch einmal Widerstand leisten, weil sie eine Entscheidung nicht mittragen können, und dabei ziemlich unkuschelig werden, sicher – aber dann müssen Sie sich eben auf eine Auseinandersetzung einlassen und diesen Widerstand ausräumen. Aber selbst diese Auseinandersetzungen schaffen eine Basis, schaffen eine Gemeinschaft, in der Sinn und Spaß stattfinden können. Aber wohlgemerkt: nicht eine Gemeinschaft, in der Verantwortung an irgendein diffuses Ganzes abgegeben wird, sondern eine Gemeinschaft, in der jeder die Verantwortung für seinen Teil übernimmt, den er zum Gelingen des Ganzen beiträgt.

Essenziell für die Auswahl von Mitarbeitern für das richtige Team: Menschen mit unterschiedlichen Fähigkeiten und Wissensgebieten einzubinden. Je komplexer die Aufgaben sind, die so ein Team zu stemmen hat, desto unterschiedlicher sollten die Fähigkeiten der Teammitglieder sein. Unterschiedlichkeit generiert Mehrwert – indem man gemeinsam Lösungen schafft und Strategien entwickelt. Mit einem Haufen Klone werden Sie die Erde nicht aus den Klauen von Aliens befreien!

Flickzeug gesucht!

Partizipation – darum geht es also. Wer seine Mitarbeiter einbindet, teilhaben lässt, befindet sich auf einem guten und ausgekuschelten Weg. Aber war es das schon? Einfach zu sagen: «Na ja, ich habe jetzt hier die richtigen Leute, das richtige Team, und jetzt legen wir einfach mal los, wir alle zusammen. In dem Buch von Roland Jäger steht ja, dass es nur darauf ankommt, die richtigen Leute zu haben, der Rest findet sich dann schon von allein.» Ich gestehe – ganz so einfach ist es dann doch nicht.

Es wurde alles schon gesagt, nur noch nicht von allen.

Auch Partizipation hat ihre Grenzen. Wo aber liegen diese Grenzen? Ich kenne viele Management-Boards, Managementteams und Lenkungsausschüsse von innen. Sehr viele. Und ich kann Ihnen sagen: Die meisten sind Laberrunden. Dort gibt es mehr Partizipation, als der jeweiligen Sache dienlich ist. Dort werden Dinge totgeredet oder -totgeschwiegen. Die wirklichen Entscheidungen fallen woanders. Im Grunde wird ein Ritual zelebriert und ein Schauspiel aufgeführt. Die Rollen sind verteilt. Das Ergebnis vorher klar und abgestimmt. Zu beobachten sind allerdings stundenlange Diskussionen, immer nach dem Motto: Es wurde alles schon gesagt, nur noch nicht von allen. Und bis jeder alles gesagt hat, dauert es eben seine Zeit. Öffnen sich nach solchen Sitzungen die Türen der Sitzungsräume, weiß keiner der Hinausströmenden mehr so genau, was jetzt eigentlich vereinbart und beschlossen wurde. Aber dem Müller, dem vertraut man ja eigentlich, der wird schon wissen, was er da erzählt hat, und deswegen konnte man ihm auch zustimmen, ohne einen genauen Durchblick zu haben. Wenn Partizipation übertrieben wird, findet eine Veranwortungsdiffusion statt. Wenn alle labern und keiner etwas macht – dann ist es zu viel des Guten.

In einem Managementteam sind deshalb vor allem wichtig: klare Ziele und klare Vorgaben. Und ein Vorstand, der keine nicht ganz wasserdichten und ziemlich hilflosen Alibiaktionen fährt wie Hans und Thomas im österreichischen Klinikverbund. Ein Vorstand hat eine bestimmte Verantwortung. Der er auch nicht entkommt, wenn er ein großes Management-Board mit den Geschäftsführern einrichtet. Es bleibt ihm gar nichts anderes übrig, als bestimmte Grenzen und Eckpfeiler zu setzen. Er entscheidet, an welchen Stellen er seine Geschäftsführer einbinden will. Und er trifft die Entscheidung, was er *nicht* mehr diskutieren will. Er kann durchaus die Devise ausgeben: «Hier werden jetzt vier von acht Stellen eingespart!» oder «An diesen und jenen Standorten benötigen wir nur noch einen Geschäftsführer und nicht mehr drei!» Das ist völlig legitim, denn dafür kann es gute Gründe geben. Der Auftrag an die Geschäftsführer lautet dann: «Diskutiert hier jetzt nicht rum! An dieser Tatsache ist nicht mehr zu rütteln. Ihr könnt euch nur noch überlegen, wie wir diese Verringerung der Geschäftsführerzahl im täglichen Business umsetzen!» Es muss aber auch klar sein, dass der Vorstand die Verantwortung dafür übernimmt, im Positiven wie im Negativen. Das heißt, dass er den Widerstand aushält, der ihm dann entgegenschlägt. Der kann so weit gehen, dass ein Vorstand abgesägt wird, wenn sich herausstellt, dass er die falsche Entscheidung getroffen hat. Das gehört nun mal zu den Risiken und Nebenwirkungen des Vorstandsdaseins. Allzu viel Mitleid sollte man nicht haben: Denn hat er es gut gemacht, der Herr Vorstand, fließen die entsprechenden Sümmchen auf sein Konto – was völlig in Ordnung ist.

Wenn so ein Vorstand dagegen möchte, dass seine Geschäftsführer mitdiskutieren, wenn er sicherstellen will, dass sie sich mit den Ergebnissen identifizieren und diese loyal und überzeugt mittragen, kann er das klar und deutlich ankündigen. Dann würde seine Ansage nicht lauten: «Vier Geschäftsführer werden entlassen!», sondern: «Wir müssen Kosten reduzieren. Wie wir das machen, besprechen wir im Management-Board.» Merken Sie den Unterschied? Klare, konsequente Ansagen – das macht es aus. Die Klinikverbund-Vorstände Hans und Thomas bekamen das nicht auf die Reihe. Sie entschieden allein, taten aber gegenüber den Klinikmanagern so, als gäbe es einen ergebnisoffenen Prozess, den diese noch beeinflussen könnten. Unverantwortlich! Unfair! Stellen Sie sich doch nur einmal vor, diese Klinikmanager fänden heraus, dass die Vorstände gar nicht an ihren Vorschlägen zu Strategie und Organigramm des Klinikverbundes interessiert sind, sondern nur so tun als ob – aus fragwürdigen, verkuschelten Motiven heraus. Mein lieber Herr Gesangsverein! Da würde ich dann nicht dabei sein wollen! Übrigens auch nicht bei der nächsten Gelegenheit, bei der die Klinikmanager mal wieder von ihren Vorständen aufgefordert werden: «Macht doch mal schön mit!»

Mikromanagement – nein, danke!

Welche Dinge sollte man als Führungskraft allein entscheiden, und wann sollte man seine Mitarbeiter einbinden? Hier allgemeingültige Richtlinien aufzustellen, ist sicherlich nicht leicht. Einige fallen mir dennoch ein: Geht es um ein Thema, das beispielsweise nur für einen Geschäftsführer an seinem jeweiligen Standort relevant ist, dann sollte man es ihm auch bedingungslos überlassen. Ist es jedoch ein

Thema, das für mehrere Standorte oder über alle Standort hinweg Bedeutung hat, dann muss der Vorstand ran, ganz klar. Wahre die Hierarchie – das ist die Botschaft dahinter. Eine Führungskraft sollte hier immer schauen, was wirklich ihr Job ist, ihre Aufgabe. Wo muss sie Rahmen abstecken, innerhalb derer sich bei- spielsweise die Geschäftsführer dann frei bewegen können? Was kann sie so weit wie möglich nach unten delegieren? Welche Verantwortung kann sie abgeben? Welche *muss* sie sogar abgeben – weil sie an einem anderen Ort viel besser aufgehoben ist?

Menschen in Organisationen gehört wieder mehr Bedeutung beigemessen.

Ein leidiges Beispiel dazu: die Sonderkondi- tionen im Vertrieb. Wenn ein Vertriebsmitarbeiter wegen 50 Euro, die er einem Kunden erlassen will, beim Vorstand anklopfen muss, dann ist das nicht nur für den Mitarbeiter suboptimal, sondern vor allem in der Außenwirkung. «Warum soll ich mit Schmidtchen reden, wenn der doch gar nichts zu entscheiden hat?» – genau das ist es, was der Kunde dann denkt. Und als Nächstes kommt er auf die Idee, einen «kompetenten» Gesprächspartner einzufor- dern. Fazit: Entscheidungskompetenz gehört auf die Ebene, auf der sie den größten Wirkungsgrad erzeugt. Und von Wirkungsgrad kann man wohl kaum sprechen, wenn sich der Vorstand mit 50-Euro-Ra- batten beschäftigen muss. Wichtig ist hier lediglich, dass ein Steue- rungsmechanismus eingebaut wird, der den Mitarbeiter davon ab- hält, sich einen Kundenstamm auf der Basis von Sonderkonditionen aufzubauen – denn die schmälern ja den Ertrag. Diesen Steuerungs- mechanismus einzurichten, ist durchaus eine Vorstandsaufgabe. Der Vorstand muss den Rahmen vorgeben. Er muss bestimmen, in wel- cher Höhe Sonderkonditionen eingeräumt werden dürfen. Aber bitte nur in Bezug auf übergeordnete Größen wie beispielsweise Umsatz oder Deckungsbeitrag – das zeigt nämlich, dass er ganzheitlich denkt. Vom System her und nicht tunnelblickartig von einem einzelnen Mitarbeiter her – der dann jedes Mal an seine Tür klopfen muss, wenn er Sonderkonditionen will. Ein guter Chef weiß nämlich, was das nach sich zieht: dass immer mehr Mitarbeiter vor seiner Tür stehen, Sonderkonditionen für ihre Kunden verlangend, und er, der Chef, langsam den Überblick über das Ausmaß dieser Sonderkonditionen verliert. Also legt er am besten gleich den Rahmen fest und lässt dann seine Mitarbeiter einfach machen. So erreicht er den höchsten Wirkungsgrad. Und beweist, was ihn zum Chef macht: dass er nämlich Auswirkungen vorwegnehmen kann. Ebenso, dass er damit Mitarbeitern Handlungsspielräume ermöglicht und sie tatsächlich unternehmerisch handeln lässt.

Generell gilt: Menschen in Organisationen sollte wieder mehr Bedeutung beigemessen werden. Ausgekuschelte Chefs wissen das. Sie stellen die Menschen in den Mittelpunkt. Und zwar real. Nicht nur in Hochglanzbroschüren. Ausgekuschelt ist, wenn Sie als Führungskraft Ihren top ausgebildeten High Potentials sagen: «Das, was ihr da an euren sündhaft teuren und international renommierten Business Schools gelernt habt, funktioniert im wahren Leben leider nicht. Im wahren Leben könnt ihr eure Zahlen, Daten, Fakten in die Tonne treten. Wenn ihr nicht die Menschen begeistern und hinter euch bringen könnt, mit denen ihr euch jeden Tag auf den Weg macht, nützen euch die tollsten Zahlen nämlich gar nichts!» Wenn Sie sich das trauen – dann können Sie Unterkiefer in nicht unbeträchtlicher Zahl herunterklappen sehen. Sie können aber noch nachlegen, wenn Sie wollen: «Verlassen Sie sich nicht auf Ihre Zahlen. Papier ist geduldig. Und die Zahlendrescherei ist bequem. Das machen Sie doch nur, weil Sie das so gelernt haben und weil Sie sich da sicher und machtvoll fühlen. Es ist kuschelig, sich mit seinen Excel-Sheets im stillen Kämmerlein einzuschließen. Und das Leben auszusperren. Weil das nämlich in der Zwischenzeit *vor* Ihrer Tür stattfindet.»

Und so lautet sie, die unbequeme Wahrheit: »Ausgekuschelt!» heißt die eigene Unsicherheit im Umgang mit Menschen auszuhalten, mit Emotionen – in einem von Zahlen, Daten und Fakten getriebenen Alltag. Wie gehe ich damit um, dass ein Mitarbeiter Schwächen hat? Wie gehe ich damit um, dass Menschen innerhalb der Zahlen-Daten-Fakten-Welt an ihre Grenzen kommen und plötzlich vom Stuhl kippen? Kann ich erst dann wieder den Menschen in meinem Mitarbeiter erkennen, wenn er ein Burn-out-Syndrom hat? Oder bin ich so menschlich und fair, von Mitarbeitern nur das zu erwarten, was sie auch zu leisten imstande sind? Ja. Ausgekuschelt! heißt genau das: von Menschen das zu erwarten – ihnen aber auch zuzumuten! –, was sie zu leisten imstande sind. Darum geht es. Nicht mehr. Keinesfalls weniger. Und: Seien Sie konsequent!

Zuletzt: Wer seine Mitarbeiter schätzt, führt konsequent

Wirkungsvolle Führung ist «konsequent» – das haben Sie des Öfteren gelesen in den zehn Kapiteln dieses Buches. Manchmal hörte sich das vielleicht hart an. Und eigentlich immer bedeutete konsequent sein, die eigene Komfortzone zu verlassen und gewohntes Verhalten zu verändern. Hinter dieser Konsequenz verbirgt sich jedoch am Ende nur eins: Wertschätzung. Führungskräfte sollten stets unterscheiden zwischen Konsequenz, auch harter Konsequenz, auf der Sachebene und menschlichem Respekt auf der Beziehungsebene. Gerade die Wertschätzung eines Menschen als Person gebietet es manchmal, in der Sache hart zu sein. Denn wer mit seinen Mitarbeitern kuschelt und ihnen ihre Illusionen belässt, nimmt sie menschlich nicht für voll.

Wer konsequent führt, erweist dagegen seinen Mitarbeitern Respekt und Vertrauen – und damit Wertschätzung. Und wer diese aufbringt, zeigt, dass er den Mitarbeiter als Menschen wahrnimmt – und nicht als Headcount –, der auf der persönlichen Ebene Respekt, ja Demut verdient. Er hat sich der Führungskraft anvertraut, braucht aber auf der sachlichen Ebene gerade deshalb konsequente Führung.

Mitarbeiter werden immer wieder versuchen, Sachebene und Beziehungsebene zu vermischen. Sie werden die konsequenten Entscheidungen ihres Chefs auf der Basis ihrer eigenen «Bestellungen» als persönliche Kränkung darstellen und ihrem Vorgesetzten ein schlechtes Gewissen einreden wollen. Lassen Sie als Führungskraft sich dadurch von Ihrer Konsequenz nicht abbringen!

Schätzen Sie vielmehr das, was Ihre Mitarbeiter «bestellen», indem Sie zuverlässig darauf reagieren. Bei den guten Mitarbeitern fällt das natürlich leicht. Nicht ganz so einfach, aber umso notwendiger ist diese richtig verstandene Wertschätzung für jene Mitarbeiter, die weniger leistungsbereit sind. Die Botschaft an sie muss lauten: «Schon mal ein Anfang, was Sie mir hier bieten. Aber ich weiß: Da geht noch mehr! Geben Sie mir noch mehr Anlass, Ihre Leistung wertzuschätzen! Denn letztendlich entscheiden Sie selbst über die von Ihnen eingebrachte Leistung.»

Die Aufgabe des Chefs ist es, die Voraussetzungen dafür zu schaffen, dass der Mitarbeiter die Anerkennung bekommen kann, die dieser sich wünscht. Indem er ihm deutlich signalisiert, was er tun muss, *damit* er sie erhält. Nicht mehr und nicht weniger. Das schafft ein Chef aber nur, wenn er zwischen Sachebene und Beziehungsebene trennen kann. Und dazu muss er wissen, *was* er *wann* von seinen Mitarbeitern will. Will er herausragende Ergebnisse einfahren? Wem es auch als Chef nur um die eigenen guten Gefühle geht, der wird weiterkuscheln. Wer Ergebnisse will, muss konsequent sein. Und glauben Sie mir: Ihre Mitarbeiter haben nicht weniger verdient!

Vergessen Sie dabei nie: Mitarbeiter wollen Chefs, die ihren Job machen. Ich wünsche Ihnen dabei viel Erfolg!

Sollten Sie Fragen, Hinweise, Anregungen haben oder Tipps benötigen, erwarte ich Ihre E-Mail unter rj@konsequent-fuehren.de.

Danksagung

Ein Weg entsteht, indem man ihn geht. Das gilt auch für mich. Und ein Buch ist nie das Werk des Autors alleine. Da gibt es viele Helfer, Unterstützer, Begleiter und gute Geister auf dem Weg.

Und bei diesen möchte ich mich an dieser Stelle ganz herzlich bedanken. Ohne sie wäre dieses Buch nicht entstanden. Und es hätte nicht den für mich besonderen Charakter erhalten.

Mein Dank gilt all den Menschen, denen ich in den letzten Jahren in vielen Seminaren und Coachings begegnet bin. Sie haben meinen Respekt für ihre Offenheit, ihre Persönlichkeit und ihren Mut, ihre Geschichten zu offenbaren. Ebenso zolle ich ihnen meine Bewunderung, sich selbst zu reflektieren und ihren eigenen Weg zu gehen. Denn nur so entstehen nachhaltige, eigene Spuren. Danke an alle, dass ich dabei Impulsgeber und Begleiter, aber auch Beobachter dieser Wege sein durfte.

Ein großer Dank gilt ebenso meinen Kunden. Sie haben mir in den letzten Jahren viele Möglichkeiten eröffnet, meine Fähigkeiten und Kompetenzen in ihren Dienst zu stellen, und dadurch auch zu diesem Buch beigetragen.

Sie haben mich in ihrem Kopf als denjenigen verankert, der mit Humor und Konsequenz ihnen und ihren Mitarbeitern hilft, Hindernisse zu erkennen, Grenzen zu überschreiten und nachhaltig erfolgreich zu sein.

Ich danke meiner Frau, Dr. Anna A. Jäger. Sie ist und bleibt meine «schärfste Kritikerin», eine Rolle, die ich mir als Autor von ihr wünsche und der sie sich mit aller Akribie und Kompetenz widmet. Auch dafür liebe ich dich! Bücher entstehen auch deshalb, weil die «bessere Hälfte» dafür Verständnis hat, aktiv den Prozess unterstützt und auch mal «profan» ein leckeres Essen zubereitet oder die Buchhaltung erledigt, wenn es mit dem Manuskript mal wieder länger dauert.

Qualität heißt, sein Bestes zu geben, sich «scharfen» Kritikern zu stellen und kompetente Hilfe zu wünschen und anzunehmen. Und auch davon hatte ich reichlich. Deshalb: vielen Dank an die Agentur Gorus.

Oliver Gorus, ein Stratege und Experte des Buchmarktes. Er weiß, was funktioniert in diesem Markt. Sein feines Gespür für den Autor und dessen Qualitäten hat meine Bewunderung. Seine freundliche und gleichzeitig verbindliche Beharrlichkeit ist eine Herausforderung. Mich hat sie als Autor und als Mensch weitergebracht. Das ist mehr, als man von einem Agenten erwarten kann.

Jörg Achim Zoll und Dorothee Köhler. Sie wissen, wie man einen Spannungsbogen aufbaut, welche Geschichten sich wie erzählen lassen. Sie haben mit ihrem wachen Auge die Qualität dieses Buches nachhaltig gesteigert. Spätestens wenn es für mich einmal nicht mehr weiterging, haben sie mit ihrer kompetenten Unterstützung, ihren Anregungen und Ideen meinen Schreibfluss wieder in Gang gesetzt.

Gerd König, der Projektmanager. Zeitpläne entwickeln, Beteiligte koordinieren, Absprachen treffen und Verbindlichkeit herstellen. Eine Tugend, die jeder Chef zu schätzen weiß. So auch ich als Autor. Im Spannungsfeld zwischen Autor und Verlag kompetent und vermittelnd zu agieren, auch das ist eine Form der diplomatischen Kunst. Verknüpft mit seiner Fähigkeit, unprätentiös und genau seine Aufgaben zu erledigen, dabei freundlich, optimistisch und motivierend den Bucherstellungsprozess zu begleiten. Das ist kompetentes und professionelles Handwerk.

Und Pia Hiefner-Hug, die Programmleiterin meines Verlags. Nie vergesse ich unsere erste Begegnung. Herzlich, offen und vor Ideen sprudelnd hat sie mich mit ihrem Schweizer Charme für sich eingenommen. Sie versteht ihr Geschäft. Ein Profi, der mir auch schwierige Themen zu verkaufen weiß. Dabei immer den Kontakt hält und sich durchzusetzen weiß. Charmant, diese Kompetenz zu spüren und zu erleben. Da lässt sich auch ein Autor – selbst einer wie ich – gerne führen.

Nicht zu vergessen: Anke Hees, meine Lektorin. Sie hat dem Buch den nötigen Feinschliff verliehen. Als Autor sieht man ab einem bestimmten Zeitpunkt den Wald vor lauter Bäumen nicht mehr. So bin ich froh und dankbar, dass ein erfahrener Profi mein Manuskript mit der nötigen Distanz und Expertise überbearbeitet hat.

Schließlich will ich auch die Gelegenheit nutzen, meinem langjährigen Begleiter Bernhard Kuntz zu danken. Er ist mein PR-Berater. Doch damit nicht genug. Er hat mir schon vor Jahren geholfen, eine Positionierungsstrategie als Berater und Trainer zu entwickeln, unterstützt sehr aktiv meine PR- und Marketingaktivitäten und ist jederzeit Ansprechpartner und Sparringspartner für mich. Er hat immer eine gute Idee auf Lager und gibt mir das gute Gefühl, mein Ding zu machen.

Ihnen allen gebührt mein Dank. Mein aufrichtiger Respekt für Professionalität sowie kompetentes Handeln auf hohem Niveau.

Roland Jäger ist Unternehmensberater, Trainer und Coach. Als ausgebildeter Bankkaufmann und studierter Betriebswirt sammelte er viele Jahre Berufserfahrung als Führungskraft im Bankwesen sowie einer Unternehmensberatung. 2002 machte er sich mit seiner Firma *rj management* selbstständig.

Seine Kernfelder: Führung, Kommunikation, Konfliktmanagement, Change- und Selbstmanagement. Er coacht Vorstände, Geschäftsführer und Führungskräfte und begleitet Managementteams dabei, ihre Entscheidungen auch konsequent umzusetzen und die Ergebnisse signifikant zu steigern.

Sein Credo: «Nicht die Genialität der Idee, sondern die Konsequenz des Handelns ist entscheidend.»

Mehr Informationen unter: www.konsequent-fuehren.de